南疆瓜菜高效栽培
实用技术

主　编：塔依尔·吐尔提　李鲁华　潘立忠　王俊刚

副主编：张　伟　邵建荣　王海江　陈树宾

U0363386

气象出版社
China Meteorological Press

图书在版编目（CIP）数据

南疆瓜菜高效栽培实用技术 / 塔依尔·吐尔提等主编. -- 北京：气象出版社，2022.6
ISBN 978-7-5029-7718-4

Ⅰ. ①南… Ⅱ. ①塔… Ⅲ. ①瓜类蔬菜－蔬菜园艺－新疆 Ⅳ. ①S642

中国版本图书馆CIP数据核字（2022）第092322号

南疆瓜菜高效栽培实用技术
Nanjiang Guacai Gaoxiao Zaipei Shiyong Jishu

出版发行：气象出版社
地　　址：北京市海淀区中关村南大街46号
邮政编码：100081
电　　话：010-68407112（总编室）　010-68408042（发行部）
网　　址：http://www.qxcbs.com　**E-mail：**qxcbs@cma.gov.cn
责任编辑：王元庆
终　　审：吴晓鹏
责任校对：张硕杰
责任技编：赵相宁
封面设计：地大彩印设计中心
印　　刷：北京中石油彩色印制有限责任公司
开　　本：787 mm×1092 mm　1/32
印　　张：4
字　　数：86千字
版　　次：2022年6月第1版
印　　次：2022年6月第1次印刷
定　　价：28.00元

前　言

《南疆瓜菜高效栽培实用技术》从新疆南疆团场和农村的实际出发,选编了当前团场和农村最需要的果蔬种植实用新技术,如甜瓜、西红柿、辣椒、豇豆等瓜菜的优质高效栽培技术等,以便于更好地服务新农村建设和乡村振兴战略、持续巩固拓展脱贫攻坚成果、全面推进乡村振兴、提高农民科技文化素质。本书以提高农民素质、促进农民增收、实现强农富民为目标,推广普及瓜菜高产栽培实用技术,提高南疆团场和农村的良种化、科技化、标准化、制度化和组织化水平,为培养一支有文化、懂技术、会经营的新型农民队伍服务,为新农村建设和乡村振兴战略提供智力支持和人才保障,助力农业转型升级。

《南疆瓜菜高效栽培实用技术》编写过程中,坚持实际、实用、实效的原则,注重新颖、实用、可操作。书中吸收了项目组成员在甜瓜和部分蔬菜科研方面的最新成果和实用技术,尽量避免难懂的专业理论,力求用通俗的文字,将新技术、新成果展现给广大读者,便于农民掌握和运用。

编者

2022.6

目　　录

第1章　露地番茄(西红柿)秋季栽培生产技术

番茄原产南美洲,是一种喜温、半耐旱性生理特性的蔬菜。番茄生产依据当地栽培自然环境,调整适宜水分、营养补给等管理措施,及时防治病虫害的发生,对提高番茄产量、增加经济收入有十分重要的意义。

番茄为多年生草本植物,在适宜的生长条件下,可多年生长。但在有霜冻出现的地区,通常只做一年生蔬菜栽培。

1.1　番茄植物学特性、生长发育习性及部分品种介绍

1.1.1　番茄植物学特性

番茄完整的植株由根、茎、叶、花、果实和种子组成。

1.1.1.1　根

番茄根系由主根、侧根和不定根组成。根系发达,分布广而深。根系横向展开幅度为2.5 m左右,盛果期主根纵向可深达1.5 m以上。在育苗情况下,由于移栽时主根被切断,侧根分枝增多,并横向发展,大部分根系群分布在

30～50 cm 的耕作层,1 m 以下土层中根系很少。

番茄根的再生能力很强,具有半耐旱作物的特征。在潮湿的土壤环境中,如果温度适宜,主根上容易生侧根。在根颈或茎上,特别在茎节上很容易发生不定根,而且伸展很快。

这一特性也决定了番茄移栽或定植时容易缓苗,成活率高。栽培上可进行 1～2 次的移苗移栽,促使侧根大量发生,培育壮苗。还可通过培土促进根系发展,也可通过扦插侧枝的方式进行无性繁殖。

1.1.1.2　茎

番茄茎多为半直立或半蔓性匍匐茎。初期直立生长,随植株长高,叶片增多,果实膨大,植株容易倒伏,所以生产栽培中需要及时立支架或吊蔓。

番茄茎的分枝性很强,每个叶腋处都能长出侧枝,以花序下第一侧枝生长最快。栽培上为了减少养分消耗,便于通风透光,应根据品种特性和栽培需要进行整枝打杈。无限生长类型品种植株高大,主茎不断向上生长,节间长,只要环境条件适宜,每个叶腋都可长出侧枝,若不整枝,大量侧枝消耗养分,造成落花落果,影响果实形成和膨大,因此生产中必须适时摘除侧枝。

茎生长的丰产形态:节间较短,茎上下部粗度相似,徒长株(营养生长过旺)节间过长,茎由下至上逐渐变粗;老化株相反,节间过短,由下至上逐渐变细。

1.1.1.3　叶

番茄叶为羽状复叶,互生。具卵状小叶,叶缘浅裂或深裂。根据叶片形状和缺刻的不同,番茄叶片可分为 3 种类型,即:缺刻明显、叶片较长的普通叶;叶片多皱、较短,小叶排列紧密的皱缩叶;叶片较大且叶缘无缺刻的马铃薯型叶。多数栽培品种为普通叶型。番茄叶片及茎上分布有腺毛,能分泌有特殊气味的汁液,具避虫作用。

番茄叶色有黄绿色、绿色和深绿色。根据叶片颜色可以判断植株生长的快慢。

1.1.1.4 花

番茄花为雌、雄两性的完全花,由雌蕊、雄蕊、花瓣、萼片和花柄组成。聚伞花序,花序总状或复总状。小果型品种多为总状、复总状花序,花黄色。花器数目随基因型而异。但栽培种番茄的萼片和花瓣一般都在 6 个以上。雄蕊数随花瓣数而变,通常有 5~9 个或更多,聚合成一个圆锥体,包围在雌蕊周围,药筒成熟后向内纵裂,散出花粉。

番茄属于自花授粉作物,天然杂交率为 4%~10%。低温下形成的花,花瓣数目多,柱头粗扁,容易形成畸形花和畸形果。

1.1.1.5 果

番茄果实为多汁浆果,由子房发育而成。果肉由果皮及胎座组织构成。优良的品种果肉厚,种子腔小。栽培品种一般为多心室。心室数的多少与萼片数及果形有一定关系。果实形状有扁圆、圆球、长圆、梨形和李形等。普通栽培番茄果实大小,一般在 70~300 g。

成熟果实颜色有红色、粉色、橘黄色、浅黄色等,有的形成彩色条纹。果实颜色由果皮和果肉的颜色共同决定。果实的红色是由于含番茄红素引起的,黄色是由胡萝卜素和叶黄素所致。果实中各种色素含量除受基因控制外,还与环境条件有关。番茄红素的合成受温度影响大,与光照也有一定关系;胡萝卜素和叶黄素的形成则主要与光照有关。

1.1.1.6 种子

番茄的种子呈扁平圆形或肾形,灰褐黄色,大多数表面被有短茸毛。种子由种皮、胚乳和胚组成。种子成熟比果实早,通常开花授粉后 35 天左右的种子即具有发芽能力,而胚的发育是在授粉后 40 天左右完成,这样授粉后 40～50 天的种子完全具备正常的发芽力,种子的完全成熟是在授粉后的 50～60 天。

番茄种子在果实中被一层胶质包围。由于番茄果汁中存在发芽抑制物质及果汁渗透压的影响,所以种子在果实内不发芽。种子千粒重 2～4 g,寿命 4～5 年,生产上多用 1～2 年的新种子。若低温干燥保存,寿命更长。

1.1.2 番茄生长与环境条件

1.1.2.1 对温度的要求

番茄是喜温蔬菜,生长最适宜温度为 20～30 ℃。一般来说番茄生长可适应 15～35 ℃的温度。当气温高达 33 ℃时生长受到影响,达到 40 ℃时停止生长,达到 45 ℃时会发生高温危害。气温降到 10 ℃以下生长缓慢,在 5 ℃时停止生长。气温 -2～-1 ℃番茄地上部分会致死。根系生长最适地温为 20～22 ℃。当地温降到 6 ℃时,根系停止生长。

番茄在不同生长时期对温度的要求不同,种子发芽最适宜温度为 25～30 ℃,最低发芽温度为 11 ℃,最高为 35 ℃。幼苗期白天适宜 20～25 ℃,夜间 15～20 ℃,结果期白天 25~30 ℃,夜间 13~17 ℃,低于 15 ℃或高于 35 ℃不利于开花坐果。

1.1.2.2 对光照的要求

番茄喜光,光饱和点为 70000 lx,适宜光照强度为30000~50000 lx。对于光照有较强的敏感性,充足的光照能促进其光合作用,利于植株生长,充足阳光下的番茄植株茎粗大,叶宽厚,植株很健壮,具有很强的抗性。但在不同生长期对光照的要求不同,发芽期不需要光照,幼苗期要求光照充足幼苗才能发育良好,光照不足会影响花芽分化,影响花授粉。结果期光照充足坐果多,膨果快,光照不足坐果少,影响产量,光照太强持久则会对果实造成日灼病。

1.1.2.3 对水分的要求

番茄喜水,一般以土壤湿度 60%~80%、空气湿度45%~50%为宜。番茄属耐旱作物,茎叶、根力发达,吸水能力强,耐旱又需要大量水分。幼苗期生长快,土壤不宜太湿,要控制浇水;开花结果期需经常浇水,但不要大水漫灌造成沤根死苗。

1.1.2.4 对土壤的要求

番茄对土壤条件要求不太严苛,沙壤土和经过改良的碱土地均可栽植。要预防重茬现象。丰产栽培,需选择土层深厚,排水良好,富含有机质且酸碱度 pH 值为 6~7 的肥沃壤土为宜。

1.1.2.5 对营养供给的要求

番茄在生育期过程中,需从土壤吸收大量的营养物质。每生产 5000 kg 番茄,需从土壤中吸收纯氮 10 kg、磷 4.1 kg、钾 16.1 kg,同时还需吸收钙、铜、铁等微量元素。这些主要矿质元素 73% 分布于果实中，27% 存在于茎、叶、根等营养器官中。

番茄对氮（N）、磷（P）、钾（K）3 种主要元素的需求比例是 2∶1∶2 或 2∶1∶2.5，但根据生长阶段有所不同；开花坐果至膨大期，植株对氮的吸收量逐渐增加，至结果盛期对氮的吸收量达到高峰；番茄对磷的要求不多，但幼苗期增施磷肥对花芽分化及花的发育有促进作用。番茄对钾的要求量最高，尤其在果实膨大期增施钾肥可促进果实发育膨大和上色。

1.1.3 番茄生长发育习性

番茄从种子播种、萌动到第一穗果种子成熟所经历的时期为生长发育周期。生长发育周期需要 110～170 天，分为发芽期、幼苗期、开花坐果期和结果期 4 个阶段。

1.1.3.1 发芽期

从种子萌动到两片子叶长出第一片真叶显露为发芽期，一般为 7～10 天。种子从开始发芽到子叶展开属于异养生长过程，其生长所需的养分由种子本身来供应。

1.1.3.2 幼苗期

从第一片真叶显露到显现大花蕾这段时间为幼苗期，在适宜温度下幼苗一般需要 40～50 天。这个阶段是番茄从以营养生长为主过渡到生殖生长与营养生长同等发展的转折时期，直接关系到产品器官的形成。

1.1.3.3 开花坐果期

这段时期需 15～30 天。这一时期的植株除了继续进行花芽和叶芽的分化与发育外，营养生长也十分旺盛，外观上表现为株高增加，叶片不断长大。因此，在这个阶段要调节好营养生长和生殖生长的关系，既要使营养生长充分、叶片肥厚、茎秆粗壮、根深叶茂，又要避免徒长，防止落花和延迟开花结果现象的大量发生。

1.1.3.4 结果期

番茄开花授粉后 3～4 天果实开始膨大，7～20 天最快，30 天后膨大到极限，40～50 天开始着色，达到成熟。这一时期果、秧同时生长，解决好营养生长与生殖生长的矛盾，是这一时期的关键要务。

1.1.4 选择番茄栽培品种的原则及部分品种介绍

目前在我国境内，国内外科研单位、育种企业、育种个人共计登记育成的番茄品种有 1078 个。栽培的番茄属普通番茄。有 5 个变种：①栽培番茄，多数栽培品种均属此变种；②樱桃番茄，果实圆球形，果径约 2 cm，2 室，红、橙或黄色；③大叶番茄，叶缘光滑，形似薯叶；④梨形番茄，果实梨形，红色或橙黄色；⑤直立番茄，茎直立，果实扁圆球形。

1.1.4.1 栽培中的主要分类方法

(1)按类别分：杂交品种、常规品种。根据育种的方法划分。

(2)按用途分：鲜食番茄品种、罐装番茄品种和加工番茄品种等。鲜食用番茄多为大果类型，果皮薄，浆汁多。加工用番茄多为中小果类型，果皮厚，果实可溶性固形物和番茄红素含量较高。

(3)按果色分：粉果番茄品种、红果番茄品种、黄果番茄品种、绿果番茄品种、紫色番茄品种、多彩番茄品种等。粉果，果皮无色，果肉为红色。红果，果皮黄色，果肉为红色。

黄果,果皮为无色或黄色,果肉为黄色。粉果和红果含有丰富的番茄红素和少量的 β-胡萝卜素,而黄果不含番茄红素,只含有少量的 β-胡萝卜素。

(4)按果型大小分:大果型番茄品种、中果型番茄品种、樱桃番茄品种等。人们往往把单果重 150 g 以上的果实称为大果型,100～150 g 的为中果型,100 g 以下的为小果型。不同地区的消费者对果实大小的要求和喜爱不同,我国北方地区喜爱大果型,而中小果型在南方地区比较受欢迎。

(5)按果实形状分:扁圆形番茄品种、圆形番茄品种、高圆形番茄品种、长形番茄品种、桃形番茄品种等。

(6)按果肩有无分:无肩番茄品种、绿肩番茄品种等。

(7)按果实熟性分:早熟番茄品种、中熟番茄品种、晚熟番茄品种等。

(8)按栽培茬口分:早春保护地品种、早春露地品种、越夏保护地品种、越夏露地品种、秋延保护品种、越冬保护地品种等。

(9)按生长习性分:无限生长品种、有限生长品种(自封顶品种)。有限生长类型,主枝分化出 3～5 穗花序后,顶端生长点变成花芽,不再向上生长。从叶腋处长出的侧枝和主枝一样,分化出 1～2 穗花序后,生长点变成花芽,停止生长。再加上此类型番茄苗节间较短,故一般植株较矮,株高 0.6～1.0 m,株型紧凑。这类品种开花结果成熟期早而集中,供应期较短,但早期产量高。生产中可进行双干整枝或单干整枝,可立简易支架或不立支架。宜作春季小棚、大棚早熟栽培。许多加工用番茄属于该类型,由于集中成熟适于机械化一次性采收。

无限生长类型,主茎顶端着生花序后,不断由侧芽代替主茎继续生长,植株可以无限生长下去。这类品种植株高大,节间相对较长,叶片大,叶数多,须立支架固定栽培。该类型果型较大开花结果期长,总产量高。但成熟较慢,对栽培技术要求较高,一般作日光温室、大棚和露地高产栽培,也可在加温温室中长期栽培。

1.1.4.2 选择栽培品种

(1)品种选择原则:植物种性决定果实的成熟期,果实的形状、色泽、大小、风味,以及是否丰产、抗病,供应期,同时也决定了栽培成功与否。在选择番茄品种时,应该了解品种的特性,并根据当地立地条件及栽培目的选择适宜的品种。应从以下几个因素考虑:

① 品种的生长特性、果实发育性状及消费习惯。

② 栽培地区的气候条件、土壤条件及栽培管理水平等。

③ 栽培生产季节和生产目的。

番茄生长习性与品种熟性、抗逆性及耐病能力相关。一般无限生长类型的品种比较晚熟;而有限生长类型,特别是矮封顶类型的品种,其成熟期比较早。但产量则一般是无限生长类型的品种较高。

目前所选育的番茄品种多数为鲜销型,消费习惯对番茄果实大小和颜色的要求不同。目前栽培的番茄品种中均属于大果形或中果形类型。果实的颜色基本可分为大红和粉红两种。部分地区喜欢带有绿色果肩的品种。番茄果实由于上市比较集中,除了本地销售外还可以大量外地销售。

夏秋栽培生产,面对高温、干旱、强光等逆境,对品种的要求是:①抗病性强,尤其是对黄瓜花叶病毒具有较强的抗性和较强的耐热性。②早、中熟,并以矮封顶类型为宜,开花结果期集中。③果形宜大,果皮厚,耐贮藏和运输。

(2)选择种子:保证种子的质量,优质的种子是丰产的基础,对种子而言,应满足以下要求。

① 种子纯度。种子纯是种子质量的首要因素,也就是说,纯的种子应具备某一优良品种特性、整齐一致。播种后生活力强,生长整齐,收获期一致,产量高。

② 种子应干燥、干净。种子必须干燥,含水量应符合低于 8% 以下的要求。

③ 种子发芽率要高、发芽势强。发芽率的高低决定栽培面积的大小。所以以播种前种子要进行发芽率试验。发芽率低于 90% 的种子一般不符合播种要求。进行发芽试验的方法是选取有代表性的种子 100 粒,用温水浸泡一夜。第二天早晨将种子捞出,擦净黏液,找一个小碟,底部垫上 2～3 层纸,加水将纸浸湿,将种子排放在纸上,放在 25～30 ℃ 的条件下,保持经常湿润。优良种子 3～5 天则可全部发芽,至第七天可查数发芽种子粒数,计算出发芽率和发芽势。

(3)部分优良品种介绍

① 合作 908。杂交种,属中早熟型,无限型,植株生长势旺盛,适应栽培区域广,抗病抗逆性强。株高 100～120 cm,7 片叶簇生第 1 花序,以后每隔 3 片叶簇生花序,具有侧枝少、管理容易、生长势旺盛、采收期较长等优点。果色粉红,高圆球形,果肉厚,鲜艳整齐,商品性强,耐贮藏

和运输,平均单果重 300 g 左右。栽培中要适时播种,培育壮苗,一般苗龄在 85 天左右,早期坐果,激素浓度不宜过高,防止出现裂果现象,第一花序果一般应留 2~3 个为好,坐果后,要加强肥水管理,保持土壤适宜干湿度,使植株正常生长发育,并且做好防病除虫工作。

② 浙粉 202。为浙江省农科院园艺所最新育成的无限生长类型粉红果杂交一代番茄品种。中熟,7 叶着生第一花序,长势中等;叶子稀疏,叶片较小;果实高圆形,果皮厚而坚韧,果肉厚,裂果和畸形果极少;青果无果肩,成熟果粉红色,着色一致;特大果型,单果重 300 g 左右,大果可达 450 g 以上。高抗烟草花叶病毒(TMV)和叶霉病,耐黄瓜花叶病毒(CMV)和枯萎病。产量极高,高产可达 10000 kg/亩*以上。该品种耐低温和弱光性好,特适冬春季南方大棚和北方日光温室栽培。

③ 301F1(番茄)。抗番茄黄化卷叶病毒(TY)、抗线虫,无限生长型粉果,五星萼片,长势强,具有早熟、果硬、果实大小均匀、成熟果艳丽有光泽、连续挂果能力极强、肉厚耐储运等优点,叶量适中,果实膨大速度快,高抗番茄灰霉病和枯萎病,成熟果粉红色;果实高圆形,单果重 200~250 g,大果可达 400 g 以上,亩产可达 15000 kg,商品性好,耐储运,适应性广,抗病性突出,综合抗性较好,是目前国内番茄种植基地及边贸出口品种。

④ 中杂 9 号。该品种属无限生长型,生长势强,叶量中等,抗病毒病和叶霉病,优质、丰产。中早熟,8~9 叶着

---

*1 亩 ≈ 666.67 m^2。

生第一花序,单式总状花序,每序坐果 4～6 个;连续坐果能力强,坐果率高;果实粉红色,果形圆正,有绿果肩,单果重 160～200 g,畸形果、裂果少,大小均匀;抗病性强,适应性广,亩产可达 4000～7500 kg。我国大部分地区均可种植,适于露地种植,也可在春大棚种植。

⑤ 粉皇后(北京)。中熟偏早,无限生长型,高抗烟草花叶病毒病、中抗黄瓜花叶病毒病兼抗番茄叶霉病,果实近圆形,粉红色,适应性广,在不同类型保护地及露地栽培都能达到高产稳产。

⑥ T 粉 86 番茄。无限生长型,中熟品种,坐果整齐,耐病毒病,皮厚果大,耐运输,品质佳,适合保护地露地栽培。

⑦ 佳粉 15 号(北京)。中熟品种,无限生长型,果实圆形或稍扁圆形,粉红色,单果重 180～200 g,品质优良。高抗叶霉病和病毒病,对蚜虫及白粉虱有一定的驱避性。适宜保护地及露地栽培。

⑧ 英石大红。为早熟红果杂交种,植株有限生长型,生育期 105 天左右,主秆 6～7 叶着生第一花序,主秆封顶后,侧枝可继续生长坐果,果实圆形,超大坚强,光滑均匀,质沙味甜。在适宜条件下栽培,单果重 300 g 左右,最大单果重 800 g 以上,亩产 7000 kg 左右。极耐贮运,商品性好,抗病耐高温。全国番茄产区均可种植。

⑨ 博玉 368。该品种双亲为引进国外资源经选育杂交研制的最新品种。无限生长型,早熟,生长势强,耐低温,耐湿热,第五至六片叶开始坐果,以后三叶之间着生一花序,坐果率很强,长花序坐果 5～7 个,果实分布均匀整齐,果实高圆,厚皮厚肉,极耐裂果且无畸形,硬度极强,成熟前果色

由淡红色转鲜红色,果面光滑亮丽,美观好看,食用时酸甜适口,品质极优,平均单果重 200 g 左右,植株生长势强,抗病毒病、烟草花叶、早晚疫病及溃疡病。本品种对气候和土壤适应力强,可作秋冬日光温室栽培,也可早春越夏栽培。

1.2 番茄栽培管理技术

1.2.1 播种育苗

1.2.1.1 苗床准备

(1)育苗基质:番茄的育苗工作一般以穴盘育苗为主。根据育苗数量控制好穴盘的数量及规格,准备好育苗基质。基质是以草炭、蛭石等进行配制,比例控制在 2∶1 左右。或者用草炭 6 份+珍珠岩 4 份配制。配制好基质,每立方米施入 2.5 kg 的复合肥。将肥料与基质充分混合后,每立方米营养土喷淋 300 倍青枯立克+矿源黄腐酸 3000 倍溶液,使土壤含水量达到 70%之后用薄膜盖严闷 3~4 天,杀灭营养土中的病原菌待用。

(2)对育苗场所、设施进行消毒处理,创造适宜秧苗生长发育的环境条件。育苗用棚室的消毒,每亩设施用 80%敌敌畏乳油 250 g,拌上锯末,与 2000~3000 g 硫黄粉混合,均匀分布于 10 处点燃,密闭一昼夜,通风后无味时使用。

1.2.1.2 种子播量与处理

(1)计算播种量:育苗前要计算出生产中所需优质秧苗

的数量,从而确定种子的播种量、播种床的面积或育苗穴的数量。播种用种子要求是纯度 95% 以上、发芽率 85% 以上的新鲜种子。番茄种子的千粒重一般为 3 g 左右,每克种子粒数 300~330 粒,因品种和种子的饱满度不同而有所不同。一般每亩种植 3000~5000 株,种子量为每亩 9~16 g。但由于发芽率不能达到 100%,加上苗期的病虫害造成苗的成活率降低,可以适当提高些种子的用量,以 20~25 g 为宜。

因此,番茄播种时要有一定富余播种量,防止因病苗、弱苗、杂株及其他损伤造成的缺苗。

(2)种子处理

① 干热处理。将干燥种子放于 80 ℃ 的恒温箱中处理 48 h,可有效防治病毒病。

② 温汤浸种。用清水浸泡种子 1~2 h,然后捞出把种子放入 55 ℃ 的热水中,维持水温均匀浸泡 15 min,之后再继续浸种 3~4 h。温汤浸种时,一般是一份种子二份水;要不断、迅速地搅拌,使种子均匀受热,以防烫伤种子;要不断加热水,保持 55 ℃ 水温。可以预防叶霉病、溃疡病、早疫病等病害发生。

③ 磷酸三钠浸种。即先用清水浸种 3~4 h,捞出沥干后,再放入 10% 的磷酸三钠溶液中浸泡 20 min,捞出洗净。这种方法对番茄病毒病有比较明显的效果。

(3)浸种催芽

① 恒温催芽。浸种后将种子放置在 25~28 ℃ 的条件下催芽。催芽过程中,需提供适宜的温度、水分和空气,为此要经常检查和翻动种子,使种子处于松散状态,每天还需

要用清水淘洗 1～2 次,以更新空气和保持湿度。催芽最好采用恒温箱方式。待 60%～70% 的种子出芽即可播种。

② 缓冻催芽。将土豆块茎冷冻后再缓缓解冻,然后榨汁,把番茄种子在土豆汁中解冻一夜,次日,将一块没有绒毛的厚布蘸上汁,把浸泡过的种子松散地放在上面,使种子相互不接触,再用聚乙烯薄膜盖上以免干燥,但需保持透气,然后把它们放在温暖的地方(不能加温),种子发芽后,插入土壤中进行育苗。采用这种催芽法可比普通发芽的番茄提早成熟 2～3 周。

1.2.1.3　播种育苗

(1)将配制好的营养基质均匀地铺到育苗盘里,将铺满营养基质的育苗盘堆叠在一起向下按压,在营养土上留下 1 cm 的种植穴。浇足底水,等水渗透土层后就可以播种。

育苗盘播种一般采用点播的播种方式。当催芽种子 70% 以上露白时,于晴天的上午或中午播种即可。一个种植穴里放 1～2 颗种子,撒上疏松的细土,用木板刮平。

播种时,要注意控制好深度,深度不可超过 1 cm。因为是穴盘育苗,所以将种子播种在播种穴中即可。

(2)播种之后,保持苗床的温度在 25～28℃,而空气中的湿度要保持在 65% 左右,这样可以促进幼苗的出苗速度。通过控制温湿度、肥水、病虫害等管理措施培育健壮的番茄苗。一般经过催芽的种子 3～4 天就可以出苗,直接播种的包衣种子和没有经过催芽处理的种子就需要 5 天或者更长的时间才可以出苗。

如果有覆盖薄膜,那么还要进行合理的通风,若通风不良,也会影响番茄出苗。注意检查苗床湿度,湿度不足需要及时补水。等番茄幼苗出苗之后,需要保持一周左右不浇水。超过70%的幼苗出土后应取下覆盖物。

(3)番茄育苗苗床管理

① 温度管理。出苗前,白天保持25～30 ℃,夜间15℃以上。晴天中午,温度过高时要遮阴。定植前7～10天进行低温炼苗。炼苗期间18～20 ℃,夜间8～10 ℃。

② 湿度管理。育苗温室湿度不能过高,如果湿度超过85%立即通风降低空气湿度。高温季节水分蒸发量大,光照强烈,因此在育苗管理上应坚持小水勤浇的原则,切忌大水漫灌,保持基质内部潮湿。

③ 施肥管理。番茄幼苗生长至1～2片真叶时开始花芽分化,此时种子储备营养已经消耗殆尽,需要补充营养,可每7～10天叶面喷施一次1000倍液的磷酸二氢钾水溶液和100倍尿素液。

如果幼苗长势偏旺,可在2～4片真叶时,喷施磷酸二氢钾＋芸苔素10000倍液,调节其长势,控制其旺长。如长势仍偏旺,可在4～6片真叶时再喷一次。

④ 病虫害管理。番茄苗期病害主要有猝倒病、立枯病等,虫害主要有蚜虫、白粉虱、潜叶蝇等。

苗期猝倒、立枯病等真菌性病害可及时用25%甲霜灵可湿性粉剂1000倍液喷雾防治。2～3片叶后,每隔10天交替喷70%代森锰锌可湿粉剂600倍液、75%的百菌清可湿性粉剂800倍液。

蚜虫、白粉虱、潜叶蝇等可用大蒜油2000倍＋普克苦参碱2000倍液喷雾防治。出苗后每7～10天喷一次,预防病虫害的发生。

1.2.2 移苗栽植与直播生产

番茄从播种到开花坐果大致需要 50~60 天时间,为获得较好的生产效益,番茄夏秋露地生产较适宜用适龄大苗移苗并采用双行垄栽大架的栽培模式。即选择优良晚熟品种先期育苗,待苗龄适宜时移植壮苗到土垄,采用膜上双行破膜穴栽的方法生产。此种栽培方式适宜种植的密度为行距 50~60 cm,株距 35~40 cm,每亩留苗 2500~3000 棵。

露地栽培的番茄受外界环境影响比较大,在选择栽培品种的时候,要选择抗逆性强、叶片大并且叶片数量多的高产品种。如果为了方便储藏和运输,可以选择皮厚、不容易裂果的耐储运品种;在果实颜色上,尽量选择粉红和大红的品种。每亩用种量 20~30 g。

1.2.2.1 整地、起垄、覆膜

(1)番茄喜肥,高产栽培需施足底肥:土壤选择避开重茬,整地前要求每亩施腐熟的有机肥料 3000~5000 kg、二铵 25 kg、尿素 15 kg、硫酸钾 20 kg。同时加入过磷酸钙 30~40 kg,结合翻耕肥土混合。翻耕深度 30 cm,达到"齐、平、松、碎、净"标准并及时进行深翻晒土。晒土可以改善土壤结构,提高保水能力,减少土壤中的病虫,为根系的生长创造良好条件。

(2)将整好的土地进行起垄覆膜工作:起垄要求垄宽 70~80 cm,垄高 20~30 cm,垄间距 50~60 cm。对所起高垄按要求覆盖地膜。这样可以保持土壤温度、减少土壤水分蒸发、抑制杂草生长、保持土壤疏松等,从而促进根系

生长。

　　露地夏秋栽培为减少以后的灭草等田间管理可选用黑色地膜进行覆盖。

　　(3)对垄沟适量灌水,便于栽苗操作。

1.2.2.2　移苗、定植

　　(1)先期育苗:露地夏秋季栽培番茄宜选择优质晚熟品种先期育苗。移苗适宜的苗龄为 30～40 天、苗高 15～20 cm、主茎叶片数 5～7 片。下胚轴 2～3 cm,茎粗一般为 0.5 cm 左右;节间短,呈紫绿色,叶片肥厚;根系发达;植株无病虫害,无机械损伤。

　　秧苗定植前 7 天停止浇水,囤苗炼苗。移苗前用 75%的百菌清可湿性粉剂 600 倍液或 75%的代森锰锌可湿性粉剂喷施秧苗,做好秧苗消毒工作。

　　(2)选用健壮、无病虫侵染的幼苗进行移苗、定植:为提高定植成活率,定植前对幼苗适当炼苗,以达到幼苗生长一致便于管理的目的。

　　(3)秧苗定植、及时浇透水

　　① 按灌水的先后又分为"干栽"(即先栽苗后灌水)和"水稳苗"(即先灌水后栽苗)。沙土地栽培番茄一般采用"水稳苗"法。即定植前 5～7 天先浇一次小水。25～30 cm 高的垄,用大水快浇的方法,灌至 18～25 cm 处。5～7 天后把苗子定植在垄的水位线后,再浇定植水,保证苗子在同一条水位线上。

　　② 栽苗时不可栽得过深或过浅。栽得过深,土温低,不利于根系生长,缓苗慢。栽得过浅,虽土温高有利于根系生长,但扎根不稳,幼苗易被灌水冲跑或被大风刮倒。

③ 对苗床管理不当或定植不及时造成的徒长苗,定植时可将秧苗的茎端向南呈船底形卧栽,使其露在土面的茎先端稍向南倾斜,以减少秧苗在地面上的高度,可防止日烧和被风吹断,并能促使不定根生长。

幼苗定植时要求最好选择无风的晴天进行。气温高,土壤水分蒸发量小,容易缓苗。同时根据当地天气情况来确定,如遇阴雨大风天气,应适当延迟定植。

(4)移苗定植5～7天后再浇缓苗水:要求浇透水,然后及时封洞、培土。墒情好后进行中耕、除草工作,以增加土壤透气性,防止水分蒸发。根据苗龄、土质、土壤墒情、幼苗生长情况适当控水蹲苗。缓苗后15～20天为蹲苗期,严格控制灌水,促进根系下扎。结合叶面施肥加快缓苗,促进早结实。

1.2.2.3 直播生产

(1)选地、整地:要求和方法与育苗移栽作业方法一致。

(2)种子处理:催芽过程与育苗移栽种子处理流程相同。直播生产时种子直接与大田土壤接触,增大了种子与土壤之间病菌侵染的可能。因此,播种前需加强对番茄种子进行杀菌剂浸泡的过程,可有效防治这些病害的发生。

(3)播种

① 对沟垄播种前提早7天左右灌水,要求水量足即每沟灌水量达最高值。其目的是找水平使播线整齐,便于今后管理,防止水传病害的蔓延。

② 处理好种子在水线上进行破膜播种。穴距保留与育苗移栽相同。每穴下种2～3粒。播种深度不超过2 cm。播后及时封洞盖土2 cm,防止跑墒。若播种土壤湿

度不足及时灌水补墒。需要注意,沙土封洞盖土可厚一些,且封洞要及时。

③ 出苗后及时封土和苗期病虫害防治工作。

④ 加强苗期的肥水管理,合理使用叶面追肥,控制植株的长势,使之健壮,利于早成花和早结果。

1.2.3 植株管理

定植后 6～7 天,浇过缓苗水和中耕除草后,心叶开始生长,新根出现。经过蹲苗后,一般在苗高 30～40 cm 需及时插架、绑蔓工作。并结合整枝打杈等工作,培养生长健壮的植株,为高产打好基础。

1.2.3.1 及时搭架

当株高 30 cm 时插支架,常用"人"字架。插架过早,中耕操作不方便,影响中耕质量和效果;插架过晚,植株一旦倒伏,叶面沾上泥土,容易招致病害。风大区域最好用四角锥形架(每 4 根顶端绑缚在一起)。一般要求支架高不低于 160 cm。距根部 10～15 cm 处把架向外插入地下。要插得深些,牢固一点。

1.2.3.2 及时绑蔓

方法是将绑蔓材料在番茄茎上所需的固定点,每两穗花序绑一道,注意不要碰伤茎叶和花果。每次绑蔓要绑在果穗以下,松紧适度,与架杆固定点间打成"8"字形结。绑蔓时不可将花穗捆在茎秆和架杆间,以免影响果穗发育。绑蔓时将果穗置于架内叶荫处,避免果实灼伤。后随即绑蔓时第一道蔓绑在第一穗果下面的第一片叶下部,以上各层都如此。后期绑蔓时,及时摘除下部的老叶、病叶,减少养分消耗和病害传播,增强通风透光性。

可选用番茄绑蔓机提高工作效率。

1.2.3.3　培土

一般需培土 2～3 次,并结合施肥除草进行。培土可有效覆盖和限制杂草生长,是种番茄一项不可缺少的工作。

1.2.3.4　整枝打杈

开花后采取单杆整枝法,除留主茎外,要及时摘除全部叶腋内长出的侧枝。当第一个枝杈长到 5～10 cm 时开始打枝杈,但注意在晴天上午 10 时后下午 4 时前进行。晴天打杈摘心进行以利于伤口愈合,防止病原菌感染。对于病毒病等有病植株应单独进行整枝,避免人为传播病害。植株生长旺盛后,就要在杈枝长到 1～2 cm 时及时打杈。打杈要尽量少用手接触植株茎叶部,提倡采用推杈和抹枝法,不要用手指摘,应用剪刀剪。

在换地时要用肥皂水或 20% 磷酸三钠洗手消毒,衣服也要经常换洗。

另外,抹杈要从基部留下 1～2 cm 长的侧枝打掉,而且要勤抹杈,因为番茄侧枝生长较快。至于不靠近主干抹杈,是因为靠近主干打杈会留下伤口,而且还会使主干感染病菌以及妨碍主干上下营养流通。

1.2.3.5　调整单穗留果数

在番茄坐果的前期会采用每穗留 5～6 个果的方法,这样可以起到压棵作用,以抑制植株生长过旺,促进植株坐果。但是这样番茄下部的营养过多,植株上部的营养不足,将会影响到坐果,所以应该将植株下部过多的果实及时疏除。将过小、畸形果疏除,以减少养分消耗,促进番茄上部开花结果。

提高果实的商品性要及时进行疏花疏果工作。一般大型品种每穗可留 3～4 个,小型果每穗可留 4～5 个。若植株生长势弱,每穗留 3 果。

1.2.3.6　适时打顶、去除老叶

摘心,可破坏顶芽的顶端优势,减少植株营养消耗,集中更多的光合产物并转运到果实中去,从而提高果实的坐果率,促进果实的成熟。一般晚熟品种单干整枝大架栽培番茄留 4～5 穗果前摘心。夏秋露地间种番茄适时断头的目的是让它的全部营养都输送用于果实的生长。断头的时间以当地早霜期 50 天为限。为了防止上层果实直接暴晒在阳光下引起日灼病,摘心时应将果穗上方的 2 片叶子保留,遮盖果实。

对最下面的两茬果子周边的叶子及结果中后期底部的衰老变黄叶要全部剪掉。摘叶能改善株丛间通风透光条件,提高植株的光合强度,让植株下部果实充分接受阳光,有利于番茄的充分成熟。但摘叶不宜过早或过重。

为了防止番茄病毒的人为传播,在整枝、打杈、摘心作业之前,应安排专人将田间出现的病株拔净,烧毁或深埋。整枝或摘心时,一旦双手接触了病株,应用消毒水(来苏儿)或肥皂水清洗。整枝、打杈与摘心时摘除的枝叶应及时清理、销毁,防止田间广泛传播病菌。

1.2.4　采收管理

番茄开花后 60 天果实成熟。遵循"成熟一批、采收一批"的原则分批采摘。采果时不应带果柄以免刺伤别的果

实(但有些地区要求带果柄)。为避免烂果和裂果,鲜果上市宜在转色期或半熟期采收;贮藏或长途运输的应在白熟期采收。

前期果实适当早收,以利于茎上部果实发育。长途运输可在绿熟期(果实绿色变淡)采收;短途运输可在转色期(果实 1/4 部位着色)采收;就地供应或近距离运输可在成熟期(除果实肩部外全部着色)采收。对于晚播晚熟番茄,在霜冻前 15~20 天和 20~25 天喷施 800 倍乙烯控水剂,可促进果实成熟,提高番茄产量。

番茄的销售管理是保证其经济效益的重要途径,因此出售之前要选择整洁、干燥、无异味的纸箱包装番茄,且要求纸箱无污染、无虫蛀,以延长番茄的保质期。包装过程中要根据客户的具体要求来进行。

1.3　番茄生产田间肥、水管理

番茄是开花结果连续有序的作物。当下层花序开花结果、果实膨大生长时,上面的花序也在不同程度地分化和发育,因此各层花序之间的养分争夺也较明显。特别是开花后的 20 天,果实迅速膨大,吸收较多的养分,如果营养不良往往使基轴顶端变细,上位花序发育不良,花器变小,着果不良,产量降低。因此供给充分的营养,加强管理,调节植物生长与结果的关系是非常重要的。

在栽培过程中,通过科学的水肥和病虫害管理促使番茄植株茎秆粗壮,节间长短适中;叶片数量和大小适中,叶色较深,结果前植株不发生徒长,结果后期不发生早衰;花蕾多且质量好,坐果率高,畸形果少果实着色好,优质果率高;无病虫危害;整个地块的植株生长情况比较整齐。

经过有效水肥调控管理,使收获产量分配比较均匀,不出现产量前高后低或前低后高和出现两头高中间低或中间低两头高的现象。

1.3.1 依照番茄长势合理配方施肥

(1)定植至坐果前的这一段时间,应看苗追肥,控制追肥量。否则,易造成植株徒长和落花落果。定植后,植株恢复长势后就要开始追肥,一般以尿素用量每亩要少于 5 kg。待第一穗果膨大后,适当增加追肥量。至第 2~3 穗果膨大时,由于果实数不断增加,果个不断长大,对肥料需求也增加,这时要重施肥料并适当增加磷钾肥用量,充足营养供给才能满足后续果实的不断生长需要。

(2)膨果期和采收期应适量追肥,以促进其生长发育。穗果膨大时每亩随水追施尿素 10~20 kg、硫酸钾 15~30 kg。基肥施入不足和留果穗数多的田块,可在第一、第三、第五、第七穗果乒乓球大小时分别追肥一次。结合浇水,每次追施尿素 5 kg,硫酸钾 5~10 kg,最好将上述肥料进行交替使用。

(3)在果实生长期不能进行土壤追肥时,应喷施 2~3 次叶面肥。可用 0.1% 的磷酸二氢钾和 0.5% 的尿素溶液,3%~5% 的氯化钙溶液 10~15 天喷施叶片一次,以提高番茄的品质,保证植株不脱肥。

忌在高温条件下施肥,以在清晨或傍晚施用为宜。

1.3.2　水分管理

番茄地上部茎叶繁茂,蒸腾作用比较强烈,蒸腾系数为800左右,需水较多。但番茄根系非常发达,吸水能力较强,在种植过程中需水量并不大。要根据苗情、天气、墒情及果实发育状况确定灌水量和次数。水分不足,植株生长缓慢,水分过多,则易发生沤根烂根的情况。需要注意的是,番茄非常怕涝,因此果实肥大期要时刻注意排水。

起大垄覆膜栽培的益处是防止大水漫灌,保证作物正常生长不缺水、不会沤根死亡和防止茎基腐病的发生。

番茄的水分管理需做好以下几方面:在不同的生长期,番茄对水分要求不同。幼苗期生长较快,为避免徒长和发生病害,土壤湿度不宜过高,应适当控制灌水。第一花序坐果前,土壤水分过多,易引起植株徒长,根系发育不良,造成落花。第一花序的果实膨大后,对水分的要求明显增加。果实肥大期,每株番茄每天吸水量为1~2 L,根据土壤蒸腾情况,适量浇水,小水勤浇,盛果期浇水间隔时间为5~7天。

1.3.2.1　浇好缓苗、定植水

定植之后到缓苗期间需水量较小,而且要求较为湿润且疏松的土壤,过于干旱会影响到缓苗。因此浇缓苗水应该在定植之后的5~7天同时结合浇透水冲施氮肥,并且要及时中耕、灭草。此时根据苗龄、土质、土壤墒情、幼苗生长情况适当控水蹲苗。

番茄缓苗水浇完之后,在坐果之前,如果不是特别的干旱,一般不浇水。番茄缓苗后,进入正常的生长期,第一穗

花开放之前,土壤不是特别的干旱,一般情况下不浇水,因为浇水过早,容易造成番茄植株徒长,营养生长过旺,生殖生长与营养生长不平衡,给以后的坐果带来困难。

1.3.2.2 进入结果期

要保持土壤湿润状态,土壤含水量达到 80%,如气温低浇水周期适当延长,高温周期适当缩短。灌水原则是要保持土壤含水均匀,避免忽干忽湿。番茄在第一穗果长至直径 1 cm 左右时,进入结果期。这个时候要浇一次透水,促进果实增大,避免僵果情况的发生。

第一果穗膨大到幼果直径 2~4 cm、第二穗果长至直径 1 cm 时,浇二水,浇水量稍大一些,并且顺水冲施肥料。此时番茄植株生长得非常快,开花结果进入到旺盛时期,一般视苗情墒度每隔 7~10 天浇水(灌溉)一遍,土壤湿度保持在 80%~85%。防止出现空洞果或畸形果。但不要大水漫灌造成沤根死棵,开花坐果期如浇水(灌溉)不及时或过于控制浇水,会造成大面积脐腐病发生,土壤过干也会造成生理性卷叶。

1.3.2.3 采收期

应保持土壤湿润,以提高单果重。要根据植株的长势浇水:番茄的植株深绿,叶片有光泽而且绿且平,心叶舒展,是水分均匀适宜的表现;如果心叶皱缩,却叶片浓绿,在晴天的情况下有下垂的现象应该及时补充水分;如果植株心叶展开过度,叶片大而且很薄,叶片吐水过多的情况,就应该控水防徒长。

高温天气灌水选择晴天早晨浇水,避免生理窒息现象的发生。

1.3.3 田间中耕灭草

番茄缓苗后即可进行中耕、除草、培土工作。中耕要做到须浅不伤根。结合除草,番茄整个生长期内还要中耕、培土 2～3 次。

1.4 番茄病虫害防治技术

番茄病虫的防治要执行"预防为主,综合防治"的方针,在方法上坚持"农业防治、物理防治、生物防治为主,化学防治为辅"的无害化、综合防治原则。禁止使用剧毒、高残留或三致(致癌、致畸形、致突变)的农药,而且要注意使用次数和安全间隔期。

1.4.1 番茄病害及防治

1.4.1.1 番茄早疫病

主要特征是不论发生在果实、叶片或主茎上的病斑,都有明显的轮纹,所以又被称作轮纹病。病斑圆形或近圆形,黑褐色,主要危害番茄叶片,有时危害茎秆、果实。果实病斑常在果蒂附近,茎部病斑常在分杈处,叶部病斑发生在叶肉上。从下部叶片开始发病,逐渐向上蔓延。叶片被害初期呈水渍状。高温高湿易发病。

防治方法:做好种子消毒,实行 3 年以上轮作;采用高畦地膜覆盖合理密植,多施有机肥,增施磷钾肥;加强田间管理等,及时摘除病叶、病果,拔除病株,带到田外深埋;用

80％代森锰锌可湿性粉剂 500 倍液,或用 75％百菌清可湿性粉剂 500～800 倍液等药剂喷雾,每隔 7～10 天施用 1 次,连续防治 2～3 次。

1.4.1.2　番茄晚疫病

番茄晚疫病是番茄的重要病害之一。一般晚疫病先从叶缘开始侵入,继而发展成黑褐色大斑,并侵染茎和果实,致茎秆变黑褐色绕茎一周;植株萎蔫和果实变褐色,影响产量。

防治方法:合理轮作;浇水宜在晴天进行,防止大水漫灌;合理密植,及时整枝,摘除植株下部老叶,改善通风透光条件。

发现病株后,立即喷洒下列农药:可用 77.2％普力克水剂 800 倍液、50％百菌清可湿性粉剂 400 倍液或 25％瑞毒霉可湿性粉剂 800 倍液,喷雾防治,每隔 7～8 天喷防 1 次,连喷 2 次。

1.4.1.3　番茄细菌性溃疡病

主要危害茎和果实。病菌主要靠水传播,进行整枝、绑架、摘果等农事操作时也可接触传播。发病多由伤口浸入,植株叶片卷曲、舒展,青黄褐色干涸,垂悬于茎上而不零落。病茎拐曲,生突疣或不定根,病重时病茎开裂,髓变褐、中空。果实病发处有圆形小病斑,稍隆起,乳白色,后中部变褐,呈"鸟眼状"。病重时很多病斑连片,使果实外貌非常粗拙。

防治方法:

(1)种子在播前要做好种子处理,可用 55 ℃温汤浸种 25 min 或硫酸链霉素 200 mL/L 浸种 2 h。

(2)清洁与轮作:发病初期及时整枝,摘除病叶、老叶,收获后清洁田园,清除病残体,并带出田外深埋或烧毁;实行 3 年以上的轮作,以减少田间病菌数量。

(3)发病初期,可用 72%农用硫酸链霉素 4000 倍液、14%络氨铜 300 倍液或 60%百菌通 500 倍液药剂防治。

1.4.1.4 番茄细菌性斑点病

主要危害叶片,由下部老熟叶片先发病,再向植株上部蔓延。病叶片常出现较小的圆形或多角形褐色病斑,较密集和透明。果实和果柄染病,初始产生水渍状小斑点,稍大后病斑呈褐色,圆形至椭圆形,逐渐扩大后病斑转成黑色,中央形成木栓化疮痂。

防治方法:

(1)控制湿度,不要大水漫灌。发病初期及时整枝打杈,摘除病叶、老叶。

(2)发病初期喷洒 30%碱式硫酸铜悬浮剂 500~600 倍液或 50%琥胶肥酸铜可湿性粉剂 500 倍液、77%可杀得可湿性粉剂 500 倍液,隔 7~10 天 1 次,每亩喷兑好的药液 65 L,要求喷施均匀不要漏喷。采收前 3 天停止用药。

1.4.1.5 番茄病毒病

田间症状主要有花叶、蕨叶、条斑 3 种最为常见。花叶型叶片上出现黄绿相间或深浅相间的斑驳,叶脉透明,叶片略有皱缩,病株较矮。蕨叶型叶背叶脉呈紫色,叶片向上卷曲,变厚,变硬。条斑型叶片发生褐色斑或云斑、或茎蔓上发生褐色斑块,变色部分仅处在表皮组织。病毒病除种子带毒外,一般有蚜虫、飞虱、蓟马等害虫为病毒传播媒介。一旦感染病毒病,药剂防治基本无效,所以应以预防为主。

防治方法：

（1）一般为实行轮作倒茬，选用抗耐病品种，进行种子消毒，培育无病无虫壮苗，加强田间管理，摘除老叶、病叶，清除病株，减少农事操作中的传毒途径。

（2）重视种子消毒和防治粉虱、蚜虫等田间害虫工作。

（3）在发病初期（5～6叶期）开始喷药保护，可用叶连叶、辛菌胺、吗啉胍乙铜等药剂进行叶面喷雾，药后隔7天喷1次，连续喷3次，对番茄病毒病的防治疗效可达80%左右。也可用植病灵或病毒A等药剂。用药时结合添加芸苔素、微量元素等生长调节剂来提高耐病性和增强抗病能力。

1.4.1.6 番茄枯萎病

番茄枯萎病包括立枯病、青枯病，多数在番茄开花结果期发生。枯萎病普遍的症状是叶片中午萎蔫早晚恢复，发病严重的很难在早晨恢复并死亡。剖开病茎，可见维管束变褐。

防治方法：

（1）综合防治：选用抗病品种；在无病株上采种，播前进行种子消毒处理；实行3年以上的轮作；用无病床土育苗，进行播种消毒处理。

（2）采用配方施肥的技术：可以适当增施钾肥。膨果期坚持使用少量多次灌水的方式。

（3）药剂防治：在零星病株发病初期开始灌根保护，每隔7～10天1次，连用3～4次。药剂可选用75%猛杀生干悬浮剂600倍液，或50%多菌灵可湿性粉剂500倍，或70%威尔达甲托可湿性粉剂500倍，或10%双效灵水剂

200 倍,每株灌药液 250 mL 左右。

1.4.1.7　番茄脐腐病

番茄脐腐病发生的症状就是在果实长至核桃大时果实脐部发生水浸状腐烂,发病的果实多发生在第一、第二穗果实上,这些果实往往长不大,发硬,提早变红,属生理性病害。

防治方法:

(1)浇足定植水,保证花期及结果初期有足够的水分供应。在果实膨大后,应注意适当给水。

(2)定植时要将长势相同的放在一起,以防个别植株过大而缺水,引起脐腐病。

(3)选用抗病品种。番茄果皮光滑、果实较尖的品种较抗病,在易发生脐腐病的地区可选用。

(4)地膜覆盖可保持土壤水分相对稳定,能减少土壤中钙质养分淋失。

1.4.2　虫害防治

1.4.2.1　蚜虫

蚜虫又名腻虫,主要在叶片及嫩梢上刺吸汁液,使叶片变黄、皱缩,向下卷曲,影响植株正常发育。同时,蚜虫还能传播多种病毒病,造成的危害远大于蚜虫本身。药剂防治可选用 10% 吡虫啉可湿性粉剂 2000～3000 倍液或 2.5% 溴氰菊酯乳油 2000～3000 倍液喷雾防治。也可用 50% 抗蚜威(50% 辟蚜雾)可湿性粉剂 2000 倍液每隔 4～5 天喷 1 次,叶背、叶面均匀喷药。

1.4.2.2 棉铃虫

棉铃虫是主要危害番茄果实的害虫,一年发生多代,四季都有发生。其幼虫蛀食番茄植株的花、果,并且食害嫩茎、叶和芽。幼果先被蛀食,然后逐步被掏空,对成熟的果实只蛀食果内的部分。

防治方法:

(1)在消灭虫卵上,利用棉铃虫多产卵于番茄上部叶片或植株顶尖上的特性,可结合整枝打杈把打下的枝梢集中沤肥或烧毁,可有效减少卵量。利用棉铃虫对草酸气味有趋集产卵、对磷酸二氢钾气味有避忌的特性,小面积喷施前者可诱卵歼杀,全面喷施后者可驱避之。

(2)在番茄果实长到鸡蛋大时开始用药,每周1次,连续防治3～4次。可用4.5%氯氰菊酯3000～3500倍液,或40%菊·杀乳油3000倍液(不仅杀幼虫并且具有杀卵的效果),或5%定虫隆乳油1500倍液。

(3)棉铃虫成虫有强趋光性,可用黑光灯诱杀成虫。

1.4.2.3 蝼蛄

蝼蛄是主要的番茄苗期害虫,在地下啃食番茄种子和幼芽,甚至会将幼苗咬断。

防治技术:将5 kg豆饼或者玉米面炒香,融入90%晶体敌百虫150 g,然后兑水将毒饵拌潮,撒在苗床附近或者渗透至地下。另外,还可以用40%乐果乳油500 g兑10倍水,掺入适量的饵料,提升防治效果。

1.4.3 番茄生产常用激素、调节剂、微肥、叶面肥

(1)2.4-D:点花必用,根据温度变化而变化用药量。

(2)赤霉素:点花可用 0.5 kg 水加 2 mL 赤霉素,起到提高坐果及膨大作用。

(3)康绿丹:对修复番茄黄叶、卷叶、花叶及烂根有特效。

(4)细胞分裂素:激活生理细胞分裂、提高坐果、恢复叶绿、促进花芽生长。

(5)美林钙:防治因缺铁引起的生理病害有特效,为最高级有效钙。

(6)施乐硼:花期喷花,提高坐果率,防治裂果效果突出。

第2章　露地辣椒夏秋季栽种技术

辣椒,原产于中南美洲热带地区,是一种喜温、喜水、喜肥,一年生或有限多年生药食两用、广泛种植的蔬菜种类。

辣椒生长发育期达 170～190 天。露地夏秋季节生产辣椒,选择不重茬、土层厚、排灌水较好、中等以上肥力的沙壤土地,采用育苗、移栽、高垄栽培模式露地模式栽培,可有效延长果实采收时期,能够获得较好的经济效益。

2.1　辣椒生长习性及部分优良品种介绍

2.1.1　生长与环境条件

辣椒喜温暖、怕冷;既喜光又怕暴晒;喜潮湿怕水涝。比较耐肥,适宜在盐碱轻、通透性好、肥沃、保水保肥的中壤或轻质壤土种植生长。

2.1.1.1　温度的影响

辣椒整个生长期间,温度适宜范围为 12～35 ℃,持续低于 12 ℃时就能受害;低于 5 ℃则易遭寒害而死亡;超过 35 ℃就要通过浇水措施降温。

种子发芽的起始温度为 12 ℃,适宜温度为 25～30 ℃,

温度超过 35 ℃或低于 15 ℃时发芽不良或不能发芽;苗期
要求温度较高,白天 25～30 ℃,夜晚 15～18℃最好;开花
结果期授粉结实的适宜温度为 20～25 ℃,高于 35 ℃因花
器发育不全或柱头干枯不能受精而落花;果实发育和转色
要求温度在 25 ℃以上。

2.1.1.2 光照的影响

辣椒是短日照作物,喜光、怕暴晒,对光照时间具有较
强的适应性。无论日照长短,只要有适宜的温度及良好的
营养条件,辣椒都能顺利进行花芽分化;强光照易诱发加重
辣椒病毒病和日灼病发生;光照偏弱、行间过于郁闭,易引
起落花落果;种子发芽需要黑暗条件,但植株的生长需要良
好的光照。

2.1.1.3 水分的影响

辣椒对水分条件要求严格,它既不耐旱也不耐涝,喜欢比
较干爽的空气条件。但由于根系不很发达,故经常浇水,才
能生长良好。一般大果型品种需水量较多,小果型品种需水量
较少。整个生育期内的不同阶段有不同的水分管理要求,

种子发芽需要吸足水分;幼苗期植株需水不多,保持地
面见干见湿即可;土壤湿度过大,根系就会发育不良,造成
徒长纤弱;初花期需水量,随植株生长量增大而增加,但果
实膨大期需充足水分,水分供应不足,影响果实膨大,如果
空气过于干燥或湿度过大还会造成落花落果。

因此,供给足够水分、经常保持地面湿润是获得优质高
产的重要措施。

2.1.1.4 营养条件的影响

每生产 1000 kg 辣椒约需氮肥 3.5～5.4 kg,五氧化二

磷 0.8～1.3 kg、氧化钾 5.5～7.2 kg。在营养需求方面，对氮、钾需要量大、对磷需求相对较少，氮、磷、钾的搭配比例大致为 1：0.5：1。辣椒幼苗期因植株幼小，虽吸收养分量较少，但对矿质营养及时要求高；初花期应避免施用过量的氮肥，以防造成植株徒长，推迟开花坐果；盛果期是氮、磷、钾肥需求高峰期，对氮、磷、钾的吸收量分别占各自吸收总量的 57%、61%、69% 以上。

可简单理解为：氮肥供枝叶发育，施用磷肥能使果实更加辛辣，促进辣椒根系发育并提早结果，钾能促进辣椒茎秆健壮和果实膨大。

2.1.2 辣椒生长各阶段的发育特征

辣椒生长发育周期包括发芽期、幼苗期、开花坐果期、结果期 4 个阶段。

2.1.2.1 发芽期

从种子发芽到第一片真叶显现为发芽期，需要时间为 7～10 天。该阶段经过种子吸水、胚根生长、下胚轴伸长、子叶出土等过程。发芽期的养分主要靠种子供给，幼根吸收能力很弱。

栽培上要创造一个土壤湿润、疏松透气、温度适宜的环境，尽可能缩短种子的出土时间。

2.1.2.2 幼苗期

从第一片真叶出现到第一个花蕾显露为幼苗期。需 30～90 天时间，幼苗时间长短与环境条件直接相关。幼苗期分为两个阶段：2～3 片真叶以前为基本营养生长阶段，4 片真叶以后，营养生长与生殖生长同时进行。

该阶段,除根、茎、叶等的营养生长外,辣椒开始进行花芽分化。花芽分化的始期一般是在 3～4 片真叶时开始。早熟品种分化较早,晚熟品种分化较晚。

栽培上应给予充足的光照,适宜的温、湿条件,促进幼苗健壮生长,保证花芽分化和发育的顺利进行。

2.1.2.3 开花坐果期

从第一朵花现蕾到第一朵花坐果为开花坐果期,一般 10～15 天。这一时期是辣椒以营养生长为主向以生殖生长为主过渡的转折时期,也是平衡营养生长和生殖生长的关键时期,直接关系到产品器官的形成及前期产量的高低。此期营养生长与生殖生长矛盾特别突出。

因此,栽培上主要通过水肥等措施调节生长与发育、营养生长与生殖生长、地上部与地下部生长的关系,达到生长与发育的均衡。

2.1.2.4 结果期

从第一个辣椒坐果到收获末期属结果期,此期经历时间较长,一般 50～120 天,是产量形成的关键时期。结果期以生殖生长为主,并继续进行营养生长,需水需肥量很大。

栽培上要加强水肥管理和病虫害防治,保持植株健壮生长,创造良好的栽培条件,延缓植株衰老,促进秧果并旺,延长结果时期,以达到丰收的目的。

2.1.3 选择适宜栽培的辣椒品种

2.1.3.1 辣椒品种的分类

辣椒有多种类型,并可以从不同角度进行分类。通常所说的辣椒是指植物辣椒属一年生种中灯笼椒、长辣椒、簇生椒、圆锥椒、樱桃椒类的 5 个变种。

在栽培中根据辣椒的果实类型,可以将辣椒分为樱桃椒类、圆锥椒类、簇生椒类、长角椒类和灯笼椒类 5 类。目前栽培最为普遍的是灯笼椒类和长角椒类。

人们常用的辣椒分类是按果实辣味有无将辣椒分为甜椒类型、半(微)辣类型和辛辣类型 3 类。

此外,根据辣椒成熟性的差异及不同栽培方式,可将其分为早熟、中熟、晚熟品种。这是栽培生产中较为重要的辣椒品种分类方法。

2.1.3.2 选择栽培辣椒品种

(1)选择品种:品种的结实能力和结实早晚是衡量种子优良与否的重要指标。辣椒生产选择栽培种子的时候要依据当地的气候条件、品种生长习性和当地消费习惯及市场销售渠道来选择适宜栽植的辣椒品种。结合辣椒栽培生产的生长周期,安排合理的种植时机,选用正确的栽培方式,选择合理的上市时间,使辣椒种植生产的经济价值最大化。在此过程中,品种的生长习性、结实性和栽培技术方法是实现生产目的的基础。

结实早晚即熟性决定了所栽培植物的上市价格和生产效益。辣椒种子的早、中、晚熟指的是辣椒种子生长周期的长短。早熟辣椒品种的从辣椒种子播种到采收第一批青椒的时间最短只要 75 天左右,早熟品种的辣椒植株普遍较矮,连续坐果能力不强,以羊角椒和菜椒为主,主要适合一些抢早上市大棚种植的辣椒种植户种植。而晚熟辣椒品种从辣椒种子播种到采收第一批辣椒的时间可以达到 150 天,这一类辣椒植株高大、抗性极强,主要适合露地种植气候条件相对较差的地区种植,采收期长且经济价值高。中熟辣椒适合我国各个地区种植。这类辣椒从辣椒种子播种到第一批辣椒采收一般在 110 天左右。

(2)选择种子:保证种子的质量优质是丰产的基础,对种子而言,应满足以下要求。

① 种子纯度。种子纯是种子质量的首要因素,也就是说,纯的种子应具备某一优良品种特性、整齐一致。播种后生活力强,生长整齐,收获期一致,产量高。

② 种子应干燥、干净度。种子必须干燥,含水量应符合低于 8% 以下的要求。

③ 种子发芽率要高、发芽势强。发芽率的高低决定栽培面积的大小。所以,播种前种子要进行发芽率试验。发芽率低于 90% 的种子一般不符合播种要求。进行发芽试验的方法是选取有代表性的种子 100 粒,用温水浸泡一夜,第二天早晨将种子捞出,擦净黏液,找一个小碟,底部垫上 2~3 层纸,加水将纸浸湿,将种子排放在纸上,放在 25~30 ℃ 的条件下,保持经常湿润,优良种子 3~5 天则可全部发芽,至第 7 天可查数发芽种子粒数,计算出发芽率和发芽势。

2.1.3.3 部分辣椒品种介绍

(1)长研青香:极早熟小尖椒,植株生长势较弱,分枝性好,节间较密,果实牛角形,果长约 15 cm,果肩宽约 2.2 cm,平均单果重约 18 g,青果深绿色,老熟果鲜红色,果面光泽,果表皱,辣味香浓,质地脆,口感软香,品质优,坐果集中,膨果快,较抗病,耐湿耐旱能力较强。

(2)陇椒 2 号:属早熟一代杂种,始花节位 9~10 节,生长势强,株高 80 cm,株幅 72 cm。果实长牛角形,果面有皱褶,果长 23 cm,果宽 3 cm,肉厚 0.25 cm,单果质量 35～40 g,果色绿,味辣,果实商品性好,综合抗病能力强,品质优良。

(3)湘椒 20 号:株高 54.2 cm,开展度 66 cm×70 cm,第一花着生节位 15～16 位,果实牛角形,果实纵径 18.4 cm,横径 2.5 cm,肉厚 0.35 cm。果肩平,果面光滑,青果绿色、生物学成熟果红色,平均单果重 38 g。中晚熟杂交辣椒组合,从定植到采收约 58 天,始花至采收约 37 天,抗高温,耐湿;较抗病毒病、炭疽病、疫病;果实味辣,风味好。

(4)同乐 23188 螺丝椒:该品种植株生长健壮,株形紧凑,叶长肥大深绿,二杈分枝,上挺,基生侧枝 2～3 个,属自封顶型,株幅 30 cm,株高 70 cm,结果高度集中,立体挂果,层差小。果实簇生粗线形,角果长,整齐,色深红有光泽,干椒果面皱缩纹细密均匀,4～6 个簇生,鲜椒角长 15～18 cm,果径 1.20～1.33 cm,单果质量 9.2 g。单株挂果 39.7 个,干椒率 22.8%,辣味适中,中熟品种,全生育期 170 天左右。

果实味辣,果肉厚,皮光无皱,商品性好。抗病、抗逆性强,耐湿、耐热,能越夏栽培。

(5)猪大肠辣椒:中熟,生长势中等,株高 95 cm,株幅 55 cm,主秆高 30 cm 左右;茎深绿,有棱,叶卵圆形,叶长 12.9 cm,叶正面深绿色,背面浅绿色;10 节上着生第一花序;果实长锥形,离果肩 1/3 处有横纵沟,使果实弯扭似猪大肠;果面有明显纵沟 4 条,果肉质较细,肉较厚,味辣,品质中上,单果重 207 g。

(6)湘研 3 号:中熟。株型紧凑,分枝多,节间短。果为粗牛角形,长 15～16 cm,横径 4.0～4.5 cm,果肉厚 0.38 cm。果肩宽,果顶钝尖或微凹入,果面光亮。青椒深绿色,老熟果鲜红色。单果重 50 g。果皮薄,果肉厚,质脆微辣。对炭疽病、疮痂病、病毒病表现抗病,对疫病耐病。一般亩产 2000～2500 kg。

(7)湘研九号:早熟丰产青皮牛角椒品种。叶色浓绿,果实长牛角形,果长 17 cm,果宽 3.2 cm,肉厚 0.29 cm,单果重 33 g 左右;果实深绿色,皮光无皱,外观美;肉软质脆,辣味适中;果形直,果肉厚,空腔小,耐贮运,抗性好。该品种为早熟辣椒品种,长势较强,株形紧凑,分枝性强、抗病性强。

(8)中椒 13 号:为中熟辣椒,果实羊角形,果色绿,味辣,商品性好。耐热、耐旱,抗病性强,抗病毒病,产量高。植株生长势强,始花节位 12 节左右。连续结果性强,果实羊角形,纵径 16 cm,横径 2.45 cm 左右,肉厚 0.21 cm,2～3 心室,果面光滑、无皱,腔小,单果重 32 g,中抗疮痂病。高产、稳产,亩产 3000～5000 kg。

(9)羊角红一号:羊角红辣椒研究所从鸡泽优质羊角椒选育而成。属中早熟品种,皮薄、肉厚、油多、籽香、辛辣适中。果长 20 cm,果肩宽 2 cm,果重 20 g,形似羊角。该品种生长势旺,连续坐果率强,抗病毒病,耐疫病,耐热性好,一般亩产 2500 kg。适合剁椒、制酱、腌渍及鲜食,

2.2 辣椒生产种植管理技术

2.2.1 育苗及苗期管理

2.2.1.1 苗床准备

选定背风向阳、地势平坦、便于灌溉、土层深厚肥沃、通透性好、盐碱轻,前茬没有种过番茄、茄子、马铃薯、辣椒,有机质含量高的肥沃地块或庭院空闲地,挖成 15 cm 深、1.2～1.5 m 宽、长 10 m 的苗床,便于育苗期间苗、通风炼苗,并保持床面平整。

2.2.1.2 营养土配制

辣椒苗期需肥量不大,要求养分均衡全面。营养土由疏松的田表土、腐熟的有机肥和适量化肥组成,田土和有机肥的比例是 6∶4,每立方米营养土加磷酸二铵 0.5～1.0 kg,先将化肥溶化在水里,把配制好的营养土摊开,均匀喷洒即可。为预防土传病害,需进行土壤消毒处理,每平方米苗床用 50%的多菌灵 8～10 g 与适量细土充分混合拌匀,以防烧根。取其中的 2/3 撒于床面做垫土,另外 1/3 播种后混入覆土中。或者用 25%瑞毒霉 50 g 加水 50 kg,混匀后喷洒营养土 1000 kg,边喷边拌和均匀,堆积 1 h 后摊在苗床上即可。

2.2.1.3 种子处理

(1)夏秋季一般选择中晚熟品种。

(2)播前选晴天晒种 2 天,以提高发芽势和发芽率。

(3)浸种消毒:将晒过的种子,放入 55 ℃温水中(3 份开水＋1 份凉水），浸泡、搅拌 10～15 min。后用清水冲洗种皮黏液，再加冷水降至 30～35 ℃，浸种 6～8 h，沥干水分。

（4）催芽：将浸过、消毒的种子，摊在干净、湿润的棉布上，卷包后用塑料袋保湿，置于 25～30 ℃黑暗条件下催芽。催芽过程中每天打开和翻动种子包用温水淘洗 1 次，使种子透气、受热均匀。一般经 4～5 天，待 70％露白后，即可选择晴天进行播种。

催芽时，一定要把握好水分、温度和空气，以提高催芽质量。

2.2.1.4 播种

（1）播期：最低地温稳定通过 13 ℃时，即可播种。

（2）播量：按每亩定植地块用干种 50～100 g，备足种子。

（3）播种方法与技术要求：将露白出芽的种子人工点播于营养钵中央，轻镇压，使种子三面入土；再用拌过多菌灵加可湿性粉剂杀虫药的营养土做盖种土，覆土厚度 0.8～1.0 cm，预防猝倒病的发生。

2.2.1.5 苗床管理

温度管理是培育壮苗的关键，以防幼苗徒长为目标。

（1）温度调控：应按照"三高三低"原则，科学合理开闭棚膜、调控好各生长阶段温度。即出苗前温度高，地温 25～30 ℃，气温 28～32 ℃；出苗后温度低，白天 25～28 ℃，夜间 10～13 ℃；心叶展开后温度高，白天 28～30 ℃，夜间 13～15 ℃；分苗前温度低，白天 25～26 ℃，夜间 10～13 ℃；分苗后温度高，白天 28～30 ℃，夜间 15～20 ℃；定植前温度低，低温练苗，白天 23～25 ℃，夜间 10 ℃。

（2）湿度调控：应把握好"既要充足，又不过湿"原则，针对性补水或降湿。在播种时浇足底水的前提下,一般到分苗时不会缺水;如果湿度过大,可趁苗上无水滴时向床面筛细干土,若床土过干时,可适当用喷水,但不宜过多。

2.2.1.6　苗期管理

移苗前管理:移苗前 4～6 天炼苗,防止幼苗徒长。移植前一般不浇水,秧苗缺水时选择晴天少量浇水,浇水后应保湿,保持床土不干燥,同时防止空气湿度过大;移植前一天可轻浇一次水,以利起苗。

2.2.1.7　壮苗标准

健壮的辣椒苗苗龄 40～45 天时,株高达 18～25 cm;茎秆粗壮,节间短,茎粗 0.3 cm;有真叶 8～10 片,子叶完好,真叶叶色深绿,叶片大而厚,根系发达,具有旺盛的生命力。具备上述条件的辣椒苗,抗逆性强,移栽后缓苗快,易成活。

一般辣椒规模生产是在设施条件下采用营养钵育苗集中供苗方式。

2.2.2　移苗、定植与直播生产

2.2.2.1　移苗、定植

(1)选地、整地

① 选择土层深厚、土质肥沃、排灌方便、沙壤土地块。前茬作物以葱蒜类为最好,其次是豆类、甘蓝类等。

② 施足基肥。施基肥是为辣椒整个生长发育期的养分供应打好基础,因此要以长效的农家肥为主,以化肥为辅。在施用农家肥时,一定要经过充分腐熟,否则容易引起伤根。犁地前,每亩施用充分腐熟的优质农家肥 3000～5000

kg、磷酸二铵 15 kg、尿素 20～30 kg、硫酸钾 15～20 kg、硼肥 1 kg。整地前撒施 60％,定植时集中沟施 40％。

③ 整地。在施足基肥的基础上,适墒耕犁,耕深 30 cm,并及时耙磨保墒,拾净残茬、残膜,达到"齐、平、松、碎、净"的标准。

④ 化除封闭。为有效预防田间杂草,应结合整地耙磨,针对性选择除草剂,进用土壤封闭。按亩用"乙草胺"原药 100～120 mL 或 33％"施田补"乳油原药 150～200 mL,兑水 40 kg,均匀喷雾、浅耙 4～6 cm,进行土壤封闭,主防禾本科杂草和部分阔叶杂草。

⑤ 做垄。辣椒的株型相对比较紧凑,在露地栽培中,通常采用垄作栽培。整地后,按垄底宽 70～80 cm、垄面宽 50 cm,总体呈中间高、两边低的脊背形。沟底宽 30～50 cm、垄高 20～25 cm,开沟起垄,并覆盖薄膜。

(2)定植

① 定植密度。定植密度对辣椒的产量和品质有至关重要的影响。适宜的定植密度,可以促使植株充分利用土壤肥力和太阳的光合作用,充分发挥单株结果能力,减轻病虫害,以达到高产和优质的目的。秋季宜选择中晚熟品种,每亩适宜的种植密度为 3000～4000 穴,保苗收获株数 2500～3000 株。

移栽前最好提前 2 天浇苗床水,减少移栽时根系损伤,根据辣椒苗的大小进行分级移栽,增加田间生长一致性。

② 适时定植。露地辣椒应在苗龄 40～50 天、苗高 18～25 cm、主茎叶片数 8～10 片时,适时移栽定植。并根据辣椒苗的大小进行分级移栽,增加田间生长的一致性。

③ 定植方法。定植时要选在晴朗无风的天气进行,高温季节选在下午进行。在定植前,首先要剔除散坨苗、病苗和弱苗。育苗介质如果为塑料营养钵,可将营养钵倒转过来,轻轻拍打钵底,使得苗坨自然脱落;如果为育苗盘,可用手捏紧幼苗茎基部,即可取出苗坨。

采用双垄栽培,每垄定植 2 行宽窄行定植,宽行 60～70 cm、窄行 50 cm、株距 35～40 cm 为宜。栽植点位于垄内侧半坡,三角形错开定植放苗,每穴栽 1 棵。取出苗坨后,放置在定植穴中,覆土封严,覆土厚度与坨面齐平或略高即可。为提高工作效率,可用辣椒移栽机提高效率。

④ 定植后管理。定植后立即浇定植水,以浸润定植穴为适宜。正常条件下,第一果坐住之前不浇水。浇水也是在植株出现萎蔫、需补充水分时,选择晴天浇小水。

定植水浇后及时洞穴封土并中耕促植株发根。待第一果坐住后再次培土。

定植后到出果期是辣椒田间管理的前期,管理上要促根、促秧、促发棵。要注意浇水和中耕、排水防涝。

辣椒定植后环境条件适宜、管理措施得当,2～3 天便缓苗成活。

定植成活后便可开始蹲苗,应结合除草进行中耕松土,结椒后就可结束蹲苗。

缓苗后到开花前,一般不浇水,只有在干旱时浇小水。在封垄前,要进行培土保根。在培土后浇水,以水洇定植穴为宜。

⑤ 施肥。当第一果实长至 3 cm 大小时,结合中耕进行施肥,每亩施追磷肥 10 kg、尿素 5 kg。此外,可用芸苔

素或腐殖酸叶面肥加磷酸二氢钾,进行叶面喷雾,有利于增强光合作用,促进根系深扎,促进植株健壮成长,同时增强植株的抗病能力。

2.2.2.2 直播生产

(1)选地、整地:与育苗移栽方法一致。

(2)种子处理:与育苗移栽流程相同。直播生产时种子直接与大田土壤接触,增大了种子与土壤之间病菌侵染的可能。播种前对辣椒种子进行浸泡,可以有效防治这些病害。在具体处理过程中是先将种子用清水预浸 5~6 h,再放入 1‰硫酸铜溶液,或 10%磷酸三钠溶液,或 2%氢氧化钠溶液中浸泡 15 min,然后捞出用清水洗净,将浸泡过的种子用湿布包好,放在暖和的地方进行催芽。

催芽过程中每天按 28~30 ℃控制 16~18 h,16~20 ℃控制 6~8 h。每天翻动、搓洗 2 次,使之受热、受湿均匀,发芽齐、壮。一般经 4~7 天时间,种子发芽达 60%以上时,可使催芽温度降温至 10 ℃,对种子进行 6~8 h 播前低温锻炼。完成后,种子处于待播状态。

(3)播种

① 对沟垄播种前提早 7 天左右灌水,要求水量足,即每沟灌水量达最高值。其目的是找水平使播线整齐,便于今后管理,防止水传病害的蔓延。

② 处理好种子在水线上进行破膜播种。穴距保留与育苗移栽相同。每穴下种 3 粒左右。播种深度不超过 2 cm。播后及时封洞盖土 1~2 cm,防止跑墒。若播种土壤湿度不足及时灌水补墒。

③ 出苗后及时封土和进行苗期病虫害防治工作。

2.2.3 生长期管理

2.2.3.1 保花保果措施

开花期叶面喷施磷酸二氢钾 150～200 g＋尿素 100 g/亩，补充营养。

2.2.3.2 整枝

首先把门椒（第一个果实）以下的侧枝全部去除，去除上部老枝和病枝，及时摘除病叶、老叶，适当疏剪内膛过密枝条，使整株辣椒保持长势平衡，增强田间的通风透光。

2.2.3.3 中耕除草

辣椒生长中期，由于浇水、施肥、降雨及其他农事操作易造成土壤板结、墒情破坏，在封垄前应及时破膜中耕，以促进根系纵深生长、防止早衰；中耕深度和范围以不损害根系为准。

定植缓苗后田间除草。可以用精喹禾灵，或砜嘧磺隆和精喹禾灵混配药剂，杂草防治关键是草要小，喷药均匀，并注意减少辣椒心、叶着药，减轻除草对辣椒的影响。

2.2.4 高温季节管理

高温易诱发病毒病，落花落果严重，有时也发生大量落叶。因此，高温干旱年份必须灌水在旱期头，而不能灌水在旱期尾，始终保持土壤湿润，抑制病毒病的发生与发展。

高温如遇干旱，应适时引水灌溉，保持土壤湿润。灌水时要掌握"一浅、二急、三凉"的原则，即浅灌不漫畦；急灌急排，田间不见明水；土凉水凉天气凉时进行灌水，一般在傍晚时灌水最佳。

2.2.5 采收管理

辣椒开花后 60 天果实成熟。一般在谢花后 20～25 天辣椒果实的颜色呈青绿色且表皮上有光泽时就可适时采摘。在结果期,每隔 3～5 天可采收一次,采收工作最佳时段是天气晴朗的清晨。注意下部重采,中上部勤采。

采收时注意轻采、轻放,避免造成人为的机械损伤果实,并注意不要生硬扭拽,避免枝条折断。

采收过程中所用工具以及盛容包装物要求清洁、卫生,不产生人为污染。上市辣椒要求新鲜、干净、无虫斑病斑。

2.3 田间水、肥管理

辣椒属于耐肥、怕旱、怕涝作物。其不同生长阶段的营养需求不同,需肥规律有"两头少中间多"的特点。

分期追肥的基本原则是轻施提苗肥,稳施初花肥,重施结果肥。一般要保证氮、磷、钾元素合理调配比例。

做好水肥管理的同时,结合整枝、打杈、摘掉及培土等工作,促进其不断开花结果,提高结果率。配合叶面微肥和大量肥的喷施,防止落花落果,减少畸形果的发生。

2.3.1 水分管理

辣椒的生长期间,缺水会导致土壤干旱,引起产量下降或者植株枯死,而浇水过多时落叶和死棵现象也会增加。

施肥方面,肥料不足会使辣椒植株矮小,品质降低,施肥过多会引起徒长,推迟开花和结果时间。

辣椒浇水切忌大水漫灌,要小水勤浇,以土壤见干见湿为标准。门椒(第一果实)坐住以后,开始小水勤浇,保证辣椒生长发育的需求。根据天气条件确定浇水时间,气温低时选择在上午进行,高温时选择早晨进行。

此外,辣椒果实膨大期大水漫灌是造成辣椒大面积死亡的主要原因,要轻浇水、勤浇水,水量不宜过大,以浇半沟水为宜,严禁大水漫灌越过垄面。若有积水现象,应立即排水并中耕跑墒。

2.3.2 养分管理

辣椒喜肥,特别是对氮肥、钾肥需求较多。依据辣椒的生长习性其吸收的氮、磷、钾等养分的基本规律如下。

(1)从出苗到现蕾,植株根少、叶小,需要的养分也少。

(2)从现蕾到初花植株生长加快,植株迅速扩大,对养分的吸收量增多。

(3)从初花至盛花结果是营养生长和生殖生长旺盛时期,是吸收氮素最多的时期。

(4)盛花至成熟期,植株的营养生长较弱,对磷、钾的需求量较大。

因此,在辣椒的生长发育期间,除了要施足底肥,还要进行多次追肥,才能保证辣椒生长、开花和结果的基本需要。在辣椒生长的各个阶段,要合理进行追肥,保障辣椒在生长过程中得到充足、全面的养分供应。

辣椒幼苗期(从现蕾到初花),植株生长加快,对于养分的需求量也增加了,约占 11%;开花坐果期(从初花到盛花结果)是辣椒生长的营养以及生殖生长的旺盛时期,需肥量占总量的 34%,此时对于氮肥的吸收量最高;结果期(盛花至成熟期),养分吸收量占总需肥量的 50%,这时对于磷钾肥的需求量高。

(5)生长期间的肥水综合管理:辣椒幼苗期需肥量相对较少。定植后 6～9 天,要配合浇水每亩追肥尿素 2～3 kg,进行必要提苗。生长到 3 cm 左右,追施尿素 3 kg、钾肥 3～5 kg。

(6)及时浇水追肥:后期追肥根据浇水情况,每浇 3 次水进行 1 次追肥。每亩随水追施水溶性氮、磷、钾复合肥 6～8 kg,宜在每两次采果后进行。要做到氮、磷、钾配合使用,以补充营养,提高产量。

(7)除了大量元素之外,辣椒在生长过程中还需要补充中微量元素,可以采用叶面喷施的方式来补充,以提升产量,防治辣椒出现各种生理性病害。

2.4　辣椒病虫害防治

辣椒病害防治要贯彻“预防为主”的原则。病虫防治应坚持“预防为主,防重于治”的方针,以农业防治、物理防治、生物防治为主,化学防治为辅,实行无害化综合防治措施。药剂防治必须符合关于农业有机产品的《中华人民共和国国家标准 GB/T 19630》要求,杜绝使用禁用农药,严格控制农药用量和安全间隔期。

农业防治:农业防治主要措施有选用抗性品种、轮作、深耕灭茬、合理施肥、合理灌溉、调节种植期等。

生物防治:利用天敌生物、微生物及其衍生物来防治病虫害称为生物防治。生物防治主要利用生物链上相克关系通过引入昆虫和生物农药等方法快速防治辣椒病虫害,减少化学农药污染,实现绿色生产。

物理防治:辣椒种植过程中的物理防治方法有很多,如覆盖防虫网、遮阳网等,阻止害虫和病原菌侵染和利用害虫对灯光、颜色和气味的趋向性诱杀或驱避害虫,从而减轻病虫害发生。

化学防治:建立在前 3 项措施基础上的不得已的技术方法。在发现田间有病虫害发生的初期要选用专用农药进行防治。

2.4.1　辣椒病害危害症状及防治

2.4.1.1　病毒病

辣椒病毒病危害症状:夏、秋两季,常见的有 2 种类型。

花叶型:黄绿相间的斑驳花叶,皱缩或褐色坏死。

叶片畸形和丛枝型:病害特征为病叶明显缩小变厚或呈蕨叶状,叶面皱缩,叶脉褪绿,出现斑驳,花叶,叶片增厚,上卷、变窄呈线状,无落叶;植株矮化、节间变短、小枝丛生;果实上呈现深绿和浅绿相间的花斑,有疣状突起、病果畸形、易脱落的现象。

防治方法:

(1)选用抗病品种,实行 2~3 年轮作,结合深耕,高垄种植。注意适当增施磷、钾肥和氮、磷、钾肥的合理搭配,及时追肥,提高植株抗病性。

(2)种子处理:0.1%高锰酸钾溶液浸泡种子 15~20 min,清水洗干净后催芽播种。也可以用 55 ℃温水浸种 15 min,冷却后催芽播种。

(3)及时防治蚜虫等食叶害虫。

(4)辣椒病毒病以预防为主,用病毒快克 1000~2000 倍液或 20%病毒 A 500~700 倍液或 20%病毒灵 500 倍液喷雾防治。

2.4.1.2 疫病

辣椒疫病危害症状:该病是一种土传病害,辣椒苗期和成株期均可发病。危害叶片、果实、茎部位,根茎部最容易发病。

幼苗发病:茎基部呈暗褐色缢缩,水浸状,造成幼苗折倒和湿腐,而后枯萎死亡。

叶发病:出现灰褐色边缘不明显的病斑,病叶很快软腐脱落。

茎部发病:多在茎基部和分叉处,初期出现暗绿色水浸状病斑,后扩大为不规则形黑褐色斑,病部凹陷、缢缩,染病上端枝叶由下向上枯萎死亡。

防治方法:主要以预防为主,选用优良的抗病性好的辣椒品种;在播种前需要做好种子消毒处理;移栽时减少损伤根系。

(1)选用抗耐疫病的新品种:实行 2~3 年轮作,结合深耕,高垄种植。定植以后注意中耕松土,促进根系发育;严格灌水不积水,注意田间排水。及时追肥,注意氮、磷、钾肥的合理搭配。

(2)预防：用 55 ℃温水浸种 15 min，或用 66.5％霜霉威水剂 600 倍液浸种 12h，冲净后催芽。

(3)发病初期，可用 77.2％普力克水剂 800 倍液或 75％百菌清可湿性粉剂 800 倍液喷雾防治；每隔 7～8 天防治 1 次，连喷 2～3 次。

2.4.1.3　细菌性叶斑病

辣椒细菌性叶斑病危害症状：主要危害叶片。初呈黄绿色不规则水浸状小斑点，后扩大为褐色至铁锈色、不规则、膜质病斑，扩展速度很快，严重时植株大部分叶片脱落。

防治方法：

(1)实行 2～3 年轮作，结合深耕，采用高垄种植，覆盖地膜，灌水后注意不积水。注意氮、磷、钾肥的合理搭配，增强植株长势。

(2)种子处理：选用以下药剂处理：琥胶肥酸铜或农用硫酸链霉素或中生菌素。

(3)药物防治：发病初期，可选用农用硫酸链霉素、氧氯化铜或氯溴异氰尿酸。

2.4.1.4　白粉病

辣椒白粉病危害症状：主要危害叶片。初期在正面或背面长出圆形白色粉点，逐渐扩大连成大片粉斑，后期整个叶片布满白粉，全叶变黄，叶片大量脱落形成光秆。

防治方法：

(1)选用抗耐病的品种；选择地势较高、通风、排水良好且 2～3 年轮作地种植，增施磷、钾肥，辣椒生长期避免施氮肥过多；结合深耕；高垄种植，控制密度。

(2)发病初期，及时喷洒三唑酮，一般是 1 星期 1 次，连续喷洒 2～3 次,能够有效控制病情。而在发病中期,植株的叶片、嫩茎、果实都出现白色病斑的时候,选用氟硅唑乳油、吡唑醚菌酯乳油等。

2.4.1.5　褐斑病

辣椒褐斑病危害症状:主要危害叶片,在叶片上形成圆形或近圆形病斑,发病初期病斑形成圆形或近圆形褐色病斑,随病斑发展逐渐变为灰褐色,表面稍隆起,周缘有黄色晕圈,病斑中央有一个浅灰色中心,四周黑褐色,严重时病叶变黄脱落。茎部也可染病,影响植株正常生长。

防治方法:

(1)选择生长势强、抗病的品种,实行轮作;结合深耕,高垄种植,合理密植;及时摘除残花病果,集中深埋或烧毁;注意氮、磷、钾肥的合理搭配。

(2)种子处理:播种前用温汤法或用多菌灵处理种子。

(3)发病初期,可选用 70％甲基硫菌灵可湿性粉剂 800 倍液＋70％代森锰锌可湿性粉剂 600～800 倍液;50％异菌脲悬浮剂 800～1000 倍液;50％多·霉威可湿性粉剂 800 倍液＋65％福美锌可湿性粉剂 600～800 倍液药剂防治。

2.4.2　辣椒虫害危害症状及防治

要以加强田间管理、培养健壮植株为基础,结合综合防治,减少害虫来源。及时掌握,看准发生的具体害虫,控制病虫害的初发期,有针对性地用药并对于有潜在发生和较轻情况予以兼治。混配用药、交替使用,减少用药次数。

2.4.2.1　蚜虫防治

蚜虫数量较大时,可喷洒农药进行防治。选用 10％吡

虫啉或 2.5％溴氰菊酯乳油可湿性粉剂 2000～3000 倍液
喷雾防治；也可用 4.5％高效氯氰菊酯乳油 1000 倍液，或
10％吡虫啉可湿性粉剂 1000 倍液，或 90％敌百虫晶体
1500 倍液等高效低毒农药等。幼虫低龄时期可以使用
0.9％阿维菌素 3000 倍液进行喷洒，或使用 40％吡虫啉水
溶剂 1500～2000 倍液以及 4.5％高效氯氰菊醋乳油 1500
倍液，防治辣椒烟青虫等，可以每隔 5～7 天喷洒 1 次，连续
喷洒 3 次。

数量较小时，可用洗衣粉、尿素和水进行混合喷洒，连
续喷洒两三次就能见效。也可在田间设置黄色板，方法是
用 0.33 m² 的塑料薄膜，涂成金黄色，再涂 1 层凡士林或机
油，架在高出地面 0.5 m 处，可以大量诱杀有翅蚜。

2.4.2.2 红蜘蛛防治

发病症状：受害叶片发黄现灰白色，严重时变锈褐色，
造成早落叶，果实发育慢，植株枯死。

防治方法是：清除田间杂草和残枝落叶，消灭虫源。对
红蜘蛛喷药必须早期防治，即红蜘蛛点片发生初期，立即用
喷雾器喷雾防治。发生初期用 1.8％爱诺虫清或 1.8％阿
维菌素 或 15％哒螨灵乳油 3000 倍液或 15％三唑锡 600
倍液、50％罗螨菌酯喷 600 倍液喷雾防治，每隔 5～7 天喷
施 1 次，连喷 2～3 次。

2.4.2.3 棉铃虫、小菜蛾、甜菜夜蛾等害虫防治

开花初期注意发生情况，被害株百分之十时及时用药，
可用菊酯、甲维盐、辛硫磷等药剂混配吡虫啉防治蚜虫类药
剂，并可混配杀菌剂和叶面肥，兼治病虫害。

第3章　豇豆栽培技术

豇豆起源于热带非洲,是一年生豆科草本植物。豇豆耐热性好,适宜生长在土层深厚、疏松、保肥保水性强的肥沃土壤。豇豆在中国栽培范围广泛,是人们比较喜爱且具有很高经济价值的蔬菜种类。

3.1　豇豆的生育习性及部分优良品种介绍

3.1.1　豇豆的生育特征

豇豆的生长周期大约需要 100～120 天。自播种至豆荚成熟或种子成熟,可分为 4 个时期,即发芽期、幼苗期、抽蔓期和开花结荚期。

3.1.1.1　种子发芽期

自种子萌动至第一对真叶开展的过程为种子发芽期。一般从播种到出苗 5～6 天。子叶出土后,不进行光合作用,此时生长要靠贮藏养分,因此种子质量对发芽尤为重要。种子至第一对真叶开展,方可进行光合作用。

3.1.1.2　幼苗期

自第一对真叶开展至具有 7～8 复叶为幼苗期。幼苗期节间短,茎直立,根系生长快于地上部。此期以营养生长为主,同时开始花芽分化。以后节间伸长,不能直立而缠绕生长,同时基部腋芽开始活动,便转入抽蔓期。幼苗期需15~20 天。

3.1.1.3 抽蔓期

有 7~8 片复叶至植株现蕾为抽蔓期。这个时期主蔓迅速伸长,基部开始多在第一对真叶及第 2~3 节的腋芽抽出侧蔓,根系也迅速生长,根瘤也开始形成。抽蔓期需 10~15 天。

3.1.1.4 开花结荚期

植株现蕾后至豆荚采收结束或种子成熟,一般为 50~70 天。从单花来说,开始分化至花器形成约需 25 天,现蕾至开花约 5~7 天,开花至豆荚商品成熟约 9~13 天,至豆荚生理成熟还需 4~10 天。但因品种、栽培和季节而不同。此期开花结荚与茎蔓生长同时进行。植株在此期需要大量养分和水分,以及充足的光照和适宜的温度。

3.1.2 豇豆的种植环境

3.1.2.1 温度条件

豇豆耐高温,不耐霜冻。发芽适温为 25~35℃,生长发育适温为 20~25℃,15℃以下生长缓慢,5℃以下产生冻害。高于 35℃仍能开花和结荚,但品质欠佳。

3.1.2.2 光照条件

豇豆喜阳光,但对日照长短的反应不敏感,一般来说,短日照可以加速生长发育,提早成熟。在开花结荚期间,如果光线不足,会引起落花落荚。

3.1.2.3　水分条件

豇豆是消耗水分量中等的蔬菜,具有较强的抗旱能力。土壤水分过多,易导致发芽率降低、烂根死苗和落花落荚,也不利于根瘤菌活动。土壤水分不足,会抑制生长发育,影响产量。

3.1.2.4　土壤条件

豇豆本身较耐贫瘠,但是为了产量和品质,应选择地势平坦、光照充足、排水良好、透气性好的土壤。种植豇豆以排水良好、疏松肥沃的土壤最为理想。最适宜的土壤酸碱度为 pH6.2～7.0。豇豆营养要求氮、磷、钾全面肥料。

3.1.3　选择豇豆品种

3.1.3.1　豇豆分类

豇豆在我国栽培历史悠久,品种类型很多。根据荚果的颜色可分为青荚、白荚和红(紫)荚 3 个类型。按植株茎蔓的生长习性又可分为蔓性、半蔓性和矮生性 3 个类型。栽培生产中通常将豇豆分为蔓生类型(又称架豆角)和矮生类型(又称地豆角)两种。

(1)蔓生类型品种:植株长势强,无限生长,茎蔓长 2.5～3.0 m,生长期长,需要支架。丰产性强,品质好。嫩荚的长度因品种而异,一般荚长 30～80 cm,嫩荚柔软,纤维少,荚皮色为绿色或紫红色。

(2)矮生类型品种:植株较矮,一般高 40～50 cm,主茎长到 4～8 节后顶芽即形成花芽,停止向上生长,发生较多的侧枝,形成直立的丛株,或呈半蔓生生长。一般荚长 20～40 cm,生长期短,不需支架。结荚早,结荚集中,荚较粗短,收获期短而集中,产量较低。也适宜与西瓜、甜瓜及高秆作物间套作。

3.1.3.2 豇豆品种选择

(1)选择品种原则:种植成功的基础首先是选择品种。品种是在一定的生态条件和栽培条件下形成的。应根据当地的气候条件、栽培方式、栽培季节、栽培目的和用途以及栽培管理水平、消费习惯等因素,合理选用适当品种以达到栽培目的。

① 品种的适应性和生产区域的立地条件。每个品种都有一定的适应地区和适宜的栽培条件。因此,在利用品种时,应了解每个品种所适应的地区范围和适宜的栽培条件,然后根据本地区的气候条件因地制宜地选用。

② 消费习惯、上市时节及栽培目的。在选择品种时,依据品种的熟性和果实的发育特性,必须结合当地消费习俗在较为合理的栽培管理条件下才能获得理想的上市价格。在某种意义上上市价格的高低决定了栽培生产的成败与否。在选择品种时还要把商品集中上市和产品外销等因素的影响加以综合考虑。

(2)选择种子:豇豆千粒重是衡量种子质量的重要指标之一。千粒重值越大,其发芽率、出苗率、成苗率愈高。出苗速度愈快,成苗素质愈好。同时,种子的发芽率与出苗率之间、发芽率与成苗率之间以及出苗率与成苗率之间存在极为密切的相关关系。

选择无害虫侵蚀的种子进行筛选。留下更丰满的颗粒播种,可以有效地提高种植产量。

① 豇豆原种的质量要求。品种纯度不低于99%,净度

(净种子)不低于 98%,发芽率不低于 80%,水分不高于 12%;豇豆大田用种的质量要求为:品种纯度不低于 96%,净度(净种子)不低于 98%,发芽率不低于 80%,水分不高于 12%。

② 选好的种子要做种子发芽率实验。依此评定种子发芽率和发芽势及确定种子的田间播种量。

3.1.3.3 部分优良豇豆品种介绍

(1)之豇 28-2:系浙江农科院园艺所育成,蔓性,主蔓结荚,第一花序着生于第 4～5 节,第 7 节后节节有花序。嫩荚淡绿色,结荚多,早熟高产,品质佳,荚长 65～75 cm,耐热性强,适应性广,抗蚜虫、花叶病毒病性强,种子红紫色;春、夏、秋季均可栽培,亩产 1750～2000 kg 以上。目前已成为全国主栽品种之一。

(2)铁线青:蔓性,分枝 2～3 条,主蔓自第 5～6 节开始着花,嫩荚深绿色,长 45～50 cm,末端红色,种子浅红色,耐寒性强,品质佳。

(3)扬早豇 12:植株蔓生,生长势强,分枝 1～2 个,以主蔓结荚为主,在 4～5 节开始结荚,花紫色,6～7 节以上每节均有花序,结荚集中。嫩荚长圆棍形,荚长约 60 cm,横径 0.8～1.0 cm,单荚重 19～30 g。嫩荚浅绿色,纤维少,味浓,品质佳。每荚有种子 15～25 粒,种粒肾形,种皮紫红色,光滑,种脐乳白色。早熟种,从播种至始收嫩荚约 55 天。丰产性好,前期产量高,每亩产 2000 kg 以上。耐热,耐旱,适应性广,抗病。

(4)之豇 19:生长势强,蔓生,蔓长 2.5 m 左右,叶呈三出小叶。荚长 60 cm 左右,嫩荚淡绿色,纤维少,一般亩产

1500～2000 kg。

(5)红鳝鱼骨:蔓性,分枝性弱,第一花序着生第 4～5
节,荚长 45～66 cm,每荚含种子 16～22 粒,种子土红色,
稍晚熟,不耐旱,耐涝,荚肉厚、脆嫩,不易老化,品质佳。亩
产 1250 kg 左右。

(6)之豇 844:植株生长势强,茎蔓生,荚长 60 cm 左
右,嫩荚绿色,纤维少,品质好,耐热,抗花叶病毒能力强,高
架栽培,一般亩产 2000 kg。

(7)早豇 4 号:植株生长势强,结荚性好;豆荚扁圆形,
淡绿色,种子红褐色;煮、炒易烂,腌制时不易腐烂、较脆,口
感风味较好。区域试验平均结果:播种至采收嫩荚 55 天,
全生育期 85 天,株高 3.5 m,荚长 72.4 cm,单荚重 28.2 g。
鲜荚干物质率 9.8%,粗纤维 1.2%。抗逆性较强。

(8)之豇 108:秋季露地栽培播种至始收需 42～45 天,
花后 9～12 天采收,采收期 20～35 天,全生育期 65～80
天。植株蔓生,单株分枝约 1.5 个,生长势较强,不易早衰。
叶色较深,三出复叶较大(长×宽约 17 cm× 9.8 cm)。主
蔓第 5 节左右着生第一花序,花蕾油绿色,花冠浅紫色;每
花序结荚 2 条左右,单株结荚数 8～10 条,嫩荚油绿色,荚
长约 70 cm,平均单荚重 26.5 g,横切面近圆形,肉质致密
(密度 0.95 g/ cm^3)。单荚种子数 15～18 粒,种子胭脂红
色、肾形,百粒重约 15 g。经接种鉴定和田间观察,对病毒
病、根腐病和锈病综合抗性好,较耐连作。

(9)早豇 1 号(原名 9443):最新育成的极早熟豇豆品
种,嫩荚淡绿色,荚面平滑匀称,荚长 60～65 cm,纤维少,
荚肉鲜嫩,味浓稍甜,肉质致密,不易老,耐贮运。平均每花

序结荚 2～3 个,主侧蔓均可结荚,结荚集中,每亩产量 2000～2500 kg,早期产量占总产量的 48%左右。适合全国大多数地区春、秋两季栽培。长江中下游早熟栽培视不同保护设施,可在 2 月初至 3 月底播种育苗,露地栽培 4 月初至 8 月初均可播种。采用大小行栽培,大行行距 70～80 cm,小行行距 50 cm,穴距 25～30 cm,每穴留苗 2～3 株,每亩播种量 2.0～2.5 kg。施足基肥,结荚期加强肥水管理,防止早衰,及时防治病虫害。

(10)早豇 2 号:中晚熟豇豆新品种,嫩荚绿白色,荚长 70～80 cm,荚面光滑,肉质密,耐贮运,鲜荚商品性极好。主侧蔓均可结荚,开花采荚期比之豇 28-2 早,产量比之豇 28-2 高。春、夏两季均可播种,每亩 3000～4000 穴,每穴 2～3 株。以露地栽培为主,全国大部分地区从断霜至 8 月上旬均可播种,播种后 60～65 天采收,生长前期防治蚜虫,开花结荚早期防治豇豆螟,夏秋防治豇豆锈病。

(11)早豇 3 号:早熟豇豆新品种,植株长势强,主侧蔓均可结荚,始花节位低,序成性好,着荚率高,比之豇 28-2增产 25%～30%。嫩荚绿白色,红嘴,荚长 70～80 cm,荚面光滑,耐老,耐贮运,商品性好。耐热、耐涝,抗逆性强,对光照不敏感,春夏秋季均可播种。

(12)绿豇 1 号:植株蔓生,以主蔓结荚为主,分枝较少。第一花序着生节位低,平均为 4.3 节,每穗花序结荚 2～4条,每株结荚 13～16 条。嫩荚绿色,长圆棍形,上下粗细均匀、色泽一致,平均荚长约 58 cm,荚横径 0.72 cm 左右,单荚鲜重 18.6 g 左右;老熟荚荚色转淡。早熟性好,从播种至嫩荚采收春季约 61 天,夏季约 48 天,开花到嫩荚采收一般 10～12 天,全生育期 80～100 天。嫩荚商品性佳,炒后色泽翠绿,质地脆嫩,风味好。种子肾形、棕红色,千粒重 125 g 左右,平均单荚种子数 15 粒左右。对光周期不敏感,抗逆性较强,适应性较广,田间对锈病、白粉病、煤霉病具有一定的耐病性。

(13)长豇 3 号:植株蔓生,分枝 2～4 个,叶片深绿色,第一花序出现在 2～4 节,每花序结荚 3～5 个。花淡紫色。嫩荚白绿色。荚长约 50 cm,横径 0.75 cm,单荚重约 11 g。每荚有种子 18 粒,种粒肾形,红褐色,千粒重 125 g。中熟,春播全生育期 100～120 天,夏秋播 90～110 天。对日照和土壤要求不严格,耐热、耐肥、耐贮运,适应性广。春、夏、秋三季均可栽培,尤其适合夏秋季栽培。一般亩产 2600 kg,最高亩产 3500 kg。

(14)秋豇 512:植株蔓生,分枝性强,主蔓的初花节位较高,侧蔓结荚较多。嫩荚银白色,荚长 33～42 cm,横径 0.8～0.9 cm,单荚重 20 g 左右。荚肉鲜嫩,不易老。对短日照敏感。是秋栽专用品种,较耐秋后低温,采收期可延至 10 月中旬。抗花叶病毒病,高抗煤霉病,但不抗锈病和疫病。

3.2　豇豆的种植及管理

豇豆本身较耐贫瘠,所以对于土壤的要求不高,一般的土壤即可种植,但是为了产量和品质,豇豆适合在土壤肥沃、疏松的壤土或沙壤土地块种植。

播种生产的流程为：选择地势平坦、光照充足、排水良好、透气性好的土壤，施足基肥整好地后待播；一般采用点播方式种植。为按株行距 30～35 cm 开穴，每穴放种 2～3 粒种子，覆土 1～2 cm，适当浇水；然后覆盖地膜保温保湿，待长出 3～4 片真叶时进行定苗；每穴留 1 株壮苗；抽蔓前要及时搭架，加强肥水管理和病虫害防治；适时收获。

3.2.1　整地作畦和施基肥

（1）豇豆忌连作，需轮作两年以上，否则容易发生病害。豇豆秋露地生产一般采用起垄覆膜栽培法。为了保证豇豆种植不受到病虫害影响，需及时清除地表的杂草和杂物，并全部集中烧毁。需要依据豇豆生长的养分需求施加足量的基肥，每亩应施优质厩肥 3000 kg、磷酸二铵 50 kg，硫酸钾 15～25 kg，以保证豇豆的正常生长。同时做好相应的深耕工作，将耕深控制在 30 cm 为宜。

（2）深耕操作完成之后，即可进行起垄覆膜作业。起垄要求保证垄间距在 30～40 cm。接着整地起垄，垄高 20～25 cm，垄宽 60～70 cm，最后覆盖地膜，膜面宽 50 cm。

为防止杂草生长顶膜，覆膜前每亩用 96％精异丙甲草胺乳油 60～80 mL 或 50％乙草胺乳油 100 mL 兑水 60 kg 喷雾地面。

3.2.2　适时播种、合理密度

3.2.2.1　播种时间

秋豇豆露地栽培播种时间宜在 6 月至 7 月上旬。播种时要根据当地气候条件进行，宜在当地早霜来临前 110～

120 天进行播种。早播温度高,植株营养生长不良,产量低;过晚播常因气候转冷受到冻害而造成减产。

3.2.2.2 种子处理

播种前精细选种,选粒大饱满、无病虫、无破损、发芽率高的种子,选种的同时要注意剔除破损粒、未成熟粒及不饱满的种子。

在播种前要进行晒种,选择晴朗天气晒种 1～2 天,必要时还可以用药剂拌种后播种,同样也可以防治苗期蛴螬、蝼蛄等地下病虫。播前宜将选好种子暴晒 1～2 天,然后用温水进行短暂浸种。

3.2.2.3 播种

选择连续晴天时直播,每垄播种 2 行,三角错位播种。穴距 30～35 cm,大行距 60 cm。每亩挖 3000 穴,每穴播 2～3 粒种子,每亩大田用种量 2.5～3.0 kg。沙土地播种深度大约在 5～6 cm 比较适宜。播种后及时覆土 1～2 cm。

豇豆一般在播种后 7～10 天即可出苗。温度过高不利种子发芽。

3.2.3 定苗合理控制密植

露地秋豇豆出苗后当生长出第一对真叶后要定苗。注意去弱留强、去小留大、去病留健。一般每穴留两株壮苗。定苗发现缺苗要及时补苗,确保齐苗。确保亩留苗 5000～6000 株。

定苗后,有条件的可用 1∶1000 倍敌克松药液灌根,每穴淋药 300 g 左右,可有效防治豇豆枯萎病、根腐病的发生。

若豇豆苗长势较弱,要立即追肥提苗。在大田苗初期开始生长时,应结合除草浅中耕 1～2 次,以后一般不需中耕,若有杂草可人工拔除。豇豆生长中后期可结合沟中除草培土 1～2 次。

3.2.4　豇豆种植的植株田间管理

3.2.4.1　及时插架

到第一花序小荚果基本坐住,其后几个花序出现花蕾时,结束蹲苗。要及时插架,以利于蔓叶分布均匀,避免茎叶相互缠绕,利于通风透光,减少落花落荚。搭架方式采用"人字架",也可四杆顶端相互捆绑。

(1)当植株抽蔓后长到 30～40 cm、5～6 片真叶时需搭人字架引蔓,架型一般采用直插式(比较抗风),风大区域插架上方绑拉杆。搭架材料有竹竿、树枝和纤维绳。每株插入 1 根架杆(杆高达 2.0～2.3 m),插好后要及时人工辅助引蔓上架(风大地区此项工作可提早进行)。

(2)抽蔓以后,要经常引蔓使茎蔓均匀分布于架上。初期引蔓应按逆时针方向将蔓牵引上架并用绳子固定在架杆上。一般在晴天中午或下午进行,此时茎蔓较柔韧,不易在操作时被折断。

植株满架前,一般需人工辅助绕蔓 3～4 次。花絮以下的侧枝全部抹掉,下部老叶和田间落叶及时抹掉,以减少病虫害发生。后期缠绕能力很强,无须人工协助。

3.2.4.2　植株调整

当植株长至一定大小时,需进行整枝。及时整枝、抹芽、摘心等管理措施可有效节约养分,改善群体通风透光性,促进豇豆的开花结荚,具有调节豇豆营养生长和生殖生长平衡的作用。

(1)基部抹芽:以保证主蔓粗壮,将主蔓第一花序以下的侧芽全部抹除,以减少营养消耗,促进早开花结果。

(2)打杈:蹲苗期应及时将各混合节位上的小叶芽摘除,促进花芽生长,在侧枝长出的情况下,也可留一叶摘心,利用侧蔓第一节形成花序。

(3)打群尖:中后期,主蔓中上部长出的侧枝,应及早摘心,促进豆角生长。

(4)对下部老叶和田间落叶及时清除,以减少病虫害,提高产量和品质。

(5)主蔓打顶:主蔓 2 m 以上时打顶,促进各花序上的副花芽形成,也方便采收豆荚。

3.2.4.3　中耕除草

由于露地豇豆种植易引发杂草生长,中耕除草工作的实施有利于果实采收和病虫害防治。浇完定植水进入蹲苗阶段,至缓苗前不浇水、不施肥并中耕除草 2～3 次。待豇豆地上部分封垄甩蔓后停止中耕除草工作。

3.2.5　豇豆的采收管理

豇豆从开花到生理成熟的阶段需要经历 15～23 天,而豇豆的成品一般在开花以后 10～15 天便可陆续采收。具体的采收标准为:豆荚粗细均匀、饱满,显现品种固有的色泽,荚内种子略有显露,手感充实,就可以开始采收。采摘初期一般间隔 4～5 天采摘 1 次。待结荚达到盛果期时,每隔 1 天采摘 1 次。做到分批采收,及时上市。

(1)宜分期采收:豆荚基本定形时(荚果饱满、组织脆实且不发白变软、籽粒未显露时)为采收适期,注意及时采收,防止豆荚老化。豇豆采收的时间最好是早上或者晚上。

(2)采收时要轻,防止拉扯豆荚,避免对其他花芽造成损害,一定不能碰伤或采坏豇豆的花柄,否则不再分化花芽,影响豇豆产量。因为在植株健壮的情况下,豇豆的每个花序坐荚多的可达 4~6 条。豇豆采收时,注意不要损伤其余花芽,更不要连花序一起摘掉。

(3)采收所用的工具要清洁、卫生、无污染。

3.3　豇豆生产水、肥管理

豇豆是一种喜肥水作物,但过量施肥,特别是氮肥,往往会导致植物营养生长过旺。因此,在豇豆生产前期要适当控制水肥供给,防止茎叶在早期徒长。并适时进行蹲苗,促进生殖生长,以形成较多的花序。为了避免腐烂的根、落叶和落花,在整个生长期应及时排除田间积水。

待第一花序坐荚后,逐渐增加肥水,促进生长、多开花、多结荚。豆荚盛收开始,要连续重施追肥,每隔 4~5 天追肥 1 次,连续追施 3~4 次。

3.3.1　水分管理

豇豆的根系比较发达,对营养和水分的吸收能力很强。豇豆的叶片上有一层较厚的蜡质,可以阻止叶片对水分的蒸腾,所以豇豆是比较耐旱的。豇豆在管理上前期应防止茎叶徒长,后期防止早衰。通过对水分的管理来平衡营养生长与生殖生长的关系。

(1)苗期水分管理:豇豆种子发芽期间不需要过多的水分,否则会影响种子的发芽。播后土壤过湿,种子吸水过多致出芽过早过快,使幼苗的组织娇嫩,抗逆性能减弱,容易引起徒长或死苗。

(2)豇豆幼苗时期需水量也较少,此时要进行控制浇水,进行蹲苗,以促进根系的生长发育,同时还可以防止发生徒长和沤根死苗。

(3)从定植到开花,坚持不浇水、少浇水、不旱不浇的原则,控制营养生长过旺。播种后浇1次出苗水,水位不能超过垄高的2/3,更不能漫过垄面。苗期(坐荚前)以控水中耕保墒为主,进行适当蹲苗,促进根系发育、茎叶稳健生长,促进生殖生长,以形成较多的花序。

(4)初花期不浇水:豇豆在初花期对水分特别敏感,如果水分过多就会发生植株徒长、落花落荚。当第一花序开花坐荚有2～3 cm时就可以开始浇大水。头水后,茎叶生长很快,待下部荚伸长,中、上部花序出现时,再浇第二次水。当主蔓上约有一半花序开始结荚时,此时需水量较多,见干就浇水,才能获得高产。

在结荚阶段对水分需求增加,如果此时土壤缺水干旱,也会引起落花落荚。每隔5～7天浇1次,要充分浇水保证土壤湿润。尤其是秋季气温高、水分蒸发量大,早、晚间要浇水以调节田间小气候。

(5)豇豆怕涝,结果收获期间应保持田间排灌通畅,防止积水。

在豇豆开花结荚期间,如果遇到连雨天气或田间积水,土壤透气性差,不利于根系生长,严重的会发生烂根死亡。

3.3.2　养分管理

定植后至开花前以蹲苗为主,以控制茎叶徒长,促进生殖生长,以形成较多的花穗。结荚后,营养生长与生殖生长同时进行,需要大量肥水。在定苗后要及时追肥,抽蔓期和开花结果期都需要大量的养分,要及时施肥,确保养分充足。

3.3.2.1　加强叶面施肥

豇豆出苗后基本上无须管理即能良好生长。为使幼苗生长健壮,每隔半个月用 0.1% 的磷酸二氢钾喷施叶面 1 次。结果期每采收 2~3 次用 0.1% 的磷酸二氢钾、0.1% 硼肥喷施叶面,可使叶片增厚、增色,延长采收期。喷施叶面肥应在晴天的下午进行,喷施应均匀。

3.3.2.2　豇豆采收期较长,合理增施结荚肥,可以提高产量

由于采用高架引蔓,前期应少施氮肥,避免由于徒长不利于通风透光而影响植株生长;待第一花序坐荚后,逐渐增加肥水,可每亩结合浇水每次施尿素 5 kg,促进生长,多开花、多结荚。

豆荚盛收开始,要连续重施追肥。每隔 7~10 天追肥 1 次,连续追 2~3 次,可每亩结合浇水每次施尿素 5~10 kg 或 45% 的低磷高钾三元复合肥 15~20 kg,并保持田间排灌通畅,防止积水。

3.4　豇豆主要病害、虫害防治

　　露地豇豆种植由于栽培环境不确定,易引发病虫害的发生。病害防治坚持"以预防为主"的方针,有点片发生时就要根据病虫害的特征采取针对性的措施强化及早防治工作。

3.4.1　病害防治

　　豇豆病害主要有根腐病、锈病、白粉病、枯萎病、病毒病等。

3.4.1.1　豇豆根腐病

　　早期症状不明显,只因病株较矮小,往往被忽视。到开花结荚时,病株下部叶发黄,从叶边缘开始枯萎,但不脱落。根部检查可见红褐色病症。随着病情的发展,主根由红褐色变为深褐色、黑褐色,病部稍凹陷,有时开裂,病株茎基部出现黄褐色或黑色病斑,侧根少,腐烂死亡。主根腐烂后,病株即枯萎死亡。

　　药剂防治:

　　(1)应以"预防为主、防治结合"的原则进行较为严格的轮作制及田间管理措施。加强栽培管理。实行高垄栽培或深沟窄畦栽培。生产中减少氮肥而增施磷、钾肥施用量。

　　(2)要提前灌药预防,在发病后用药,效果较差。在播种时可用50%多菌灵 1 kg 加细土 400~500 kg 拌匀后盖种。增施磷、钾肥。及时清除病株残体。

(3)苗期或田间零星发病时开始用药防治。用 50% 多菌灵 600 倍液,或 70% 甲基托布津 800 倍液灌根,成株发病后可用菌医 800 倍液加生根剂进行灌根,每株灌药液 250 mL。

3.4.1.2 豇豆锈病

主要危害叶片,严重时也危害叶柄、茎蔓和豆荚。发病初期,叶背面产生淡黄色的小斑点,微隆起,扩大后形成红褐色疱斑,具有黄色晕圈,疱斑破裂后散放出红褐色粉末,痕斑处的叶片正面产生褪绿斑。生长后期,病部产生黑色疱斑,含有黑色粉末。

防治方法:

(1)选用抗病品种,实行轮作栽培。加强栽培管理。调整好播种期。采取措施降低田间湿度,适当增施磷、钾肥,提高植株抗性。

(2)发病初期用 50% 萎锈灵乳油 800 倍液,或 12% 绿乳铜乳油 800 倍液或 50% 克菌丹可湿性粉剂 450 倍液等药剂喷雾防治,每隔 7~10 天喷药 1 次。

3.4.1.3 豇豆白粉病

主要危害叶片,也可侵害茎蔓及荚果。叶片染病,初期叶背出现黄褐色斑点,扩大后,呈紫褐色斑,其上覆有一层稀薄白粉。荫蔽、昼夜温差大、多露潮湿,有利于本病发生。在干旱情况下,由于植株生长不良,抗病力弱,有时发病更为剧烈。

防治方法:发病初期喷洒 70% 甲托可湿性粉剂 500 倍液,或 40% 瑞铜可湿性粉剂 600 倍液、50% 硫黄悬浮剂 300 倍液、粉必清 150 倍液。

3.4.1.4 豇豆枯萎病

该病主要危害叶片,叶斑多角形至不规则形,直径 2～5 mm,初呈暗绿色,后转紫红色,数个病斑融合为病斑块,致叶片早枯直至落叶。通常温度高、湿度大利于发病。

防治方法:

(1)种植抗病品种并严格实行 3 年以上轮作,采用高垄深沟栽植。发现病株,及时将病叶摘除销毁。

(2)药剂防治:发病初期可用下列药剂喷洒喷淋根部:百菌清＋甲托 700～1000 倍混合液或用 96%"恶霉灵"粉剂 3000 倍液、百菌清 1000 倍液＋70%代森锰锌 1000 倍混合液、40%多硫悬浮剂 500 倍液。

发病后期用克抗灵 1000 倍液或克露 500 倍液喷雾,5～7 天 1 次,连续 2～3 次。

3.4.1.5 豇豆病毒病

豇豆病毒病分花叶病毒病和丛枝病毒病,一般在秋季发病较重。发病后会严重影响豇豆的产量和质量。症状:嫩叶上常出现明脉、花叶、褪绿和畸形等症状,新叶浓绿部分稍突起,成为疣状。有些病株的叶肉或叶脉会出现坏死,产生褐色下陷条斑,病株矮化,花器变形,结荚少,产生黄绿花斑。

发病条件:用带病毒的种子播种,苗期发病后形成中心病株(或病区),并由有翅蚜虫传播,使病毒病在田间快速蔓延。通过其他途径的汁液接触也是重要的侵染方式。另外,多年重茬、夏秋季节干旱、苗期缺水及蚜虫数量大是病毒病发生流行的重要条件。

防治方法:

(1)选用抗病品种和无毒种子,种子在播种前先用清水浸泡 3～4 h，再放入 10％磷酸三钠加新高脂膜 800 倍液溶液中浸种 20～30 min。

（2）合理轮作，加强田间肥水管理，促进植株生长健壮，提高抗病能力。

（3）清除田间杂草，早期拔除中心病株。注意及时消灭蚜虫，减少蚜虫的传播。

（4）药剂防治：苗高 30 cm 以后用 20％病毒宁可湿性粉剂 500～600 倍液或 1.5％植病灵乳油 1000～1500 倍液进行喷雾。

3.4.2　主要虫害

危害豇豆的害虫主要有蚜虫、害螨等。

3.4.2.1　蚜虫防治

豇豆在整个生育期内易受蚜虫危害。出现时豇豆嫩叶卷缩。蚜虫危害时，可用 10％的吡虫啉可湿性粉剂 1500～2000 倍液进行喷雾防治，或用 3％啶虫脒乳油 2000 倍液喷施防治。也可选用 2000～3000 倍液辟蚜雾可湿性粉剂 50％，或者 2000～3000 倍液吡虫啉可湿性粉剂 10％进行喷雾防治。7 天左右换药，连续喷施 2～3 次就可以防治。同时注意喷药后 10 天内不能采收果实。

豇豆病毒病多由蚜虫传播，因此防治好蚜虫就可以减少病毒病的发生。

3.4.2.2　害螨防治

豇豆的害螨主要是红蜘蛛，红蜘蛛常会在高温干旱条件下大发生，主要危害叶片，造成叶片失水枯黄，直接影响豇豆的产量，可选用哒螨灵或阿维菌素兑水 1000～1500 倍液喷雾。高温干旱季节易发生红蜘蛛危害,可用 20％螨死净乳油 2000 倍液、8％阿维菌素乳油 6000 倍液喷雾防治。

防治红蜘蛛时,农户可选用 1500 倍液哒螨酮乳油溶液,或者 2000 倍液肯螨特乳油溶液 57％喷雾防治。

3.4.2.3 其他地下害虫

地下害虫有蝼蛄、蛴螬、小地老虎、金针虫,可用 50％氯丹粉剂、75％辛硫磷按照 1：2000 的比例拌成毒土,亩用药 20 kg,撒于地表后翻入土下。

第4章 库克拜热甜瓜春季大田绿色高效栽培技术

甜瓜（*Cuvumis melo* L.）属葫芦科黄瓜属一年生蔓性草本植物，原产于非洲东部。西亚、中亚、南亚等地区为其次生起源中心。中国黄淮及长江流域的薄皮甜瓜和新疆、甘肃的厚皮甜瓜种植历史悠久，也是次生起源地之一。

甜瓜生长发育喜高温干燥气候。尤其在果实膨大期间有较大的昼夜温差和充足光照生长条件下果实风味优良。成熟后果实多汁，含有大量的碳水化合物、多种维生素及柠檬酸，有祛炎败毒、消暑清热、生津解渴等功效，是夏季重要的消暑果品之一。中国是世界上甜瓜生产和消费第一大国，种植面积和产量均居世界首位。据农业农村部 2017 年统计，我国甜瓜播种面积为 34.88 万 hm^2，总产量为 1232.60 万 t。

新疆南疆有悠久的甜瓜种植史。其温带大陆性干旱气候条件，日照充足、夏季气温炎热干燥、昼夜温差大等及沙化土壤栽培环境极利于冬甜瓜栽培变种的生产。位于塔克拉玛干沙漠西缘的喀什历年甜瓜种植面积约占新疆栽植面积的 1/3，是新疆甜瓜优质商品生产区域。其中三师小海子垦区，早晚温差大，日照长、干旱少雨，有着甜瓜生长得天独厚的条件。又由于无工业污染的自然环境，已使当地成为新疆优质瓜果生产基地之一。

库克拜热甜瓜为本土种,在当地有千年种植历史。该种全生育期 80~100 天,为中晚熟种。果肉淡绿色或绿色,肉厚,汁多,脆甜,口感好、有香味。耐旱,果皮坚韧耐储运,抗病力较强,适合露地栽培。由于近年来电商平台、"直播带货"和订单农业的兴起,地方特色鲜明、品质优良的库克拜热甜瓜逐渐被疆内外消费者认可,成为南疆热销果品之一。

为发掘该品种种植优势,2017 年始,石河子大学专家在 51 农场 19 村建立库克拜热甜瓜绿色高效示范田。为保证产品品质和种植标准,通过科技服务指导,推动库克拜热甜瓜的标准化、品牌化生产。3 年的试验示范,通过对库克拜热甜瓜春季大田绿色高效生产过程中对库克拜热甜瓜网纹、色泽、单果重量、含糖量、水分、农药残留等外观性状和商品品质相关科学化生产研究总结,探索出了易被瓜农接受的、生产成本可控的、技术稳定可操作的库克拜热甜瓜春季大田绿色高效栽培管理技术路线,并以此形成了较为成熟的标准化生产技术规范。

4.1 库克拜热甜瓜品种特性描述

库克拜热甜瓜是葫芦科黄瓜属一年生蔓性草本植物。叶心形,叶柄有刺毛。花单性;花冠黄色;雌雄同株,或为两性花。雄花,数朵簇生于叶腋,花梗纤细;雌花,单生,花梗粗糙,被柔毛;子房长椭圆形。成熟果实卵圆或长椭圆形,有种子 600 粒左右,种子黄白色,长椭圆形,先端尖,表面光滑。

因栽培条件而异,生育期一般 90～100 天,为中晚熟品种。性喜高温、干燥和充足的阳光;植株生长势较强,抗病性较强;根系较发达,绝大部分侧根的根毛都集中分布在土壤表层 30 cm 以内,不定根发生弱;靠近子叶发生子蔓的生长能力较强,一般可生长 25 节左右,长度达 200 cm 以上;以孙蔓结瓜为主,孙蔓第二节雌花一发生,较易坐果,单果重 1.8～3.0 kg;商品果重 1.9～2.5 kg;果实直径一般为 16～18 cm,心室直径一般为 6～8 cm,肉厚一般为 4～5 cm,成熟果皮厚度 0.6～1.0 cm;果实成熟时表皮浅麻绿、有绿道;有网状纹理,网纹细密程度与管理水平相关;瓜瓤青绿色,有少部分呈现出偏白或者淡黄色;肉质细、口感爽脆,有香草味,中心遮光糖 16％～18％。果皮外角皮发育坚硬,耐储运,适合秋收冬贮。

4.2　库克拜热甜瓜生长与环境

甜瓜的生长过程易受到种植环境中温度、光照、水分条件的影响,其产量及果实品质也会随之发生很大变化。

4.2.1　温度

甜瓜是最喜温耐热的作物之一。发芽的起始温度是 15 ℃,适温 25～30 ℃,最适温度是 30 ℃,最高止于 42 ℃。持续 2 天温度达到 42 ℃以上,种子死亡。因此,温度 15 ℃

以上即为甜瓜生长发育的有效温度。

在适宜的温度范围内,甜瓜子叶展开时胚轴达 3 cm,子叶勺状;胚轴 5 cm 以上是温度过高所致;子叶向下翻卷是因为温度过低。

甜瓜苗期地上部分生长适温是:白昼 25～30 ℃,夜晚 16～20 ℃。幼苗期是花芽分化阶段,在适宜的条件下,花芽分化较早雌花节位较低,花芽质量较好。

伸蔓期,需要白昼 22～32 ℃,夜晚 10～18 ℃,昼夜温差 10～13 ℃。由于甜瓜花粉萌发授粉需 20～43 ℃的较高温度,因此花期要求的最低温度是 18～20 ℃,适温 30～32 ℃,最高大于 40 ℃。如果长时间处于 13 ℃ 以下、40 ℃以上,会造成植株生长发育不良等问题。

果实发育期适宜的日均温为 23～24 ℃。即最适宜的昼温为 27～30 ℃、夜温 18 ℃为宜。果实成熟期的昼夜温差对甜瓜的品质影响是比较高的。昼夜温差以 10～15 ℃为好,这样才有利于形成高糖、优质的果实。温度夜间低于 10 ℃或高于 40 ℃,都会影响果实的充分肥大。

甜瓜根系生长最快的温度为 34 ℃,生长的最低温度为 8 ℃,最高温度为 40 ℃。在 14 ℃以下、40 ℃以上时根系停止生长。当地温从 10 ℃上升到 25 ℃时,甜瓜根系的吸水量增加 2 倍以上,矿物质的吸收量增加 3 倍。但当地温超过 35 ℃时,甜瓜根系的吸收功能会受到明显抑制。

4.2.2 光照

甜瓜是喜光作物,高产栽培要有充足而强烈的光照条件。在晴天多、光照充足的条件下,植株生长健壮,茎粗,叶片肥厚,节间短,叶色深,病害少,果实品质好。

甜瓜的光饱和点为 55 万~60 万 lx,光补偿点一般在 4000 lx。厚皮甜瓜果实生长要求高于 480~800 h 的日照。正常生长期间要求每天 12 h 以上的日照。

在每天 14~15 h 的日照下,子蔓发生提早,茎蔓生长加快,子房肥大,开花坐瓜提前,果实生长迅速,单瓜重增加,成熟期提早,品质提高。日照不足或叶面积过小都会使碳水化合物的来源减少,影响果实发育。

4.2.3 水分

厚皮甜瓜地上部分生长喜欢干燥的空气条件。甜瓜适宜的空气相对湿度为 50%~60%。空气相对湿度长期高于 70% 容易诱发各种病害,甚至死亡。在土壤水分充足的条件下,空气湿度达到 30% 时,甜瓜仍能够正常生长,且此湿度范围甜瓜茎叶病害发生较轻。在干旱地区栽培的甜瓜甜度高,香味浓。在阴雨天、空气湿度大的条件下,不仅将削弱其生长势,而且影响其坐果和降低糖含量,并易造成多种病害的滋生。

甜瓜根系较为发达但不耐涝。大水淹后,根系很容易发生缺氧死亡危害。因此,必须加强灌溉和排水管理。通常在苗期,土壤相对湿度要保持在最大田间持水量的 65%,土壤含水量稍低有利于蹲苗。开花坐瓜期,植株需水量增大,甜瓜果实肥大初期到中期是甜瓜一生中需水量最大的时期,对土壤湿度要求高,应维持最大持水量的 80%。结果后期为 55%~60%,此时土壤水分充足,可刺激细胞的分裂和膨大。相反水分不足虽对细胞分裂的影响较小,但对果实肥大和产量影响较大。一般以花后 15～35 天最为显著。

甜瓜网纹发生前后,适当控制水分使果皮硬化,网纹发生良好。湿度过大或过小,都会使网纹出现不良。此时土壤湿度维持在最大持水量的 70%。

果实成熟期应逐渐降低土壤相对湿度,可将田间持水量降到 55%。一般采收前半月左右停止瓜沟灌水。

4.2.4　土壤与养分

甜瓜根系强壮,吸收力强,对土壤有较强的适应性。但以疏松、土层深厚、土质肥沃、通气良好、不易积水且地下水位 5 m 以下的沙壤土栽培甜瓜为最好。

甜瓜对土壤酸碱度的要求不甚严格。适宜土壤为 pH 5.5～8.0,在 pH 6.0～6.8 的条件下生长最好。甜瓜的耐盐能力也较强,土壤中的总盐量超过 1.14% 时能正常生长,适度含盐量可促进甜瓜植株生长发育,并能相应提高果实品质。但盐碱过量会对产量和品质造成不良影响。

甜瓜为喜钾作物,对碳酸根离子和硫酸根离子具有很强的耐受性。增施钾肥有明显改善甜瓜品质的作用。多氮会有助于产量的提高,但会降低甜瓜甜度。在甜瓜生长过程中总体要把握"控氮、施磷、增钾"的施肥原则,做到氮、磷、钾配合施用。

4.3 库克拜热甜瓜生育进程

甜瓜植物在一个生长季的周期中,经历了发芽、幼苗、伸蔓、结果和采收 5 个生长发育时期。

4.3.1 发芽期

发芽期指从种子萌芽到子叶展开这个时期。种子发芽除了湿度、温度和氧气这 3 个条件外,还具有嫌光性,即喜在黑暗条件下发芽,在光照条件下,发芽受到抑制。因此当土壤水分充足、地温达到发芽条件时,种子出土较快。一般用未经处理种子播种约 7～10 天出苗。

4.3.2 幼苗期

从子叶展开后到四片真叶展开,第五叶尚未展开,即"四叶一心"这个阶段,为幼苗期。甜瓜种子播种、出苗到现 3～4 片真叶,约需 30～40 天。甜瓜的花芽分化,在子叶出土后不久就开始,出苗后 20～30 天至甜瓜 8～9 片真叶时基部花芽分化完毕。

甜瓜根系发育早,随子叶展开,主根、侧根开始大量发生,并逐步向土壤表层 20～30 cm 土层扩展。此时在栽培上需要进行揭膜、蹲苗、炼苗以及抚苗、行间背垄除草等工作。有条件及时叶面施肥促进幼苗的健壮长势,为丰产打好基础。

此时壮苗的标准为:有 3～4 片真叶,生长整齐,茎粗壮,下胚轴短,节间短,叶片肥厚,深绿有光泽,根系发达、完整、白色,无病虫害,子叶完好。

4.3.3 伸蔓期

从伸蔓到第一雌花出现为伸蔓期。此期需经过15～16天。甜瓜出现5～6片真叶,是植株个体发育发生重要转折的形态标志。在此之前,瓜苗地上部生长缓慢,根系却较地上部生长快。从第五片叶出现展开后,节间显著伸展,进而刚开始匍地生长发育。主蔓及从第1～3叶腋处抽生的侧蔓,二者齐头并进地往前生长。5片真叶后,随着茎、叶旺盛生长,根系迅速扩展。甜瓜由此进入从营养生长转入生殖生长,是栽培上进行精细管理的重要阶段。

伸蔓期在栽培上的主要任务是促控结合,使植株壮而不旺,稳健生长,为结果打好基础。这个阶段植株发育特点为生长迅速,需要充足的养分供应。可根据土壤肥力和植株长势,适当追肥,促进植株生长发育。

4.3.4 结果期

从花开放到果实成熟为结果期。库克拜热甜瓜约需50～60天。此期的长短,也会因光照和温度的影响而稍有变化。进入结果期阶段,明显的变化是植株的生长势、侧枝的萌发及根系的生长速度逐渐趋于缓和。

植株进入结果期,即进入以生殖生长为主的阶段,植株的一系列生理生化过程,立即发生变化。从甜瓜雄花开始开花到果实成熟阶段的生理特点是:初花时,地上部已进入旺盛生长时期,地下部根系已基本建成。从雌花开放到坐瓜阶段,茎蔓的增长达到最大值,此时根系吸收的水分和矿物盐,以及叶片所积累的光合产物,大量往果实集中运转,促使果实体积和重量急剧增大。此后,根系生长处于停滞状态,茎蔓的增长量也急剧下降。

在栽培管理方面要通过水、肥协调供给,促使植株健壮,促进雌花发育。子房肥大,则坐果率高。但也需要根据植株长势,适当控制水肥,避免疯长。

甜瓜种子和果实同时开始生长发育,大约开花后 30 天即可成熟。成熟种子籽粒饱满,种皮光滑,具有良好的发芽率和发芽势。

4.3.5 采收期

采收期一般指果实膨大达到生理成熟,或能够达到采收程度的时期。就生产而言,则指一个品种在田间从始收到采收结束这个时期。库克拜热甜瓜约需 30~50 天时间。

4.4 库克拜热甜瓜生长发育特点

4.4.1 根系的生长发育

甜瓜的根属直根系,由主根、各级侧根和根毛组成。甜瓜主侧根的作用是扩大根系在土壤中的范围,伸长和固定植株。其着生在各级侧根上的根毛是根系的主要生物活性部分,根毛均为白色,寿命短,更新快。

甜瓜的主根可深入土中 1 m,侧根可达 2~3 m,绝大部分侧根的根毛都集中分布在土壤表层 30 cm 以内。甜瓜根系发育早,2 片子叶展开时,主根长达 15 cm 以上;当幼苗 4 片真叶时,主根深度和侧根横展幅度均超过 24 cm;5 片真叶后,随着茎、叶旺盛生长,根系迅速扩展;进入结果后期,根系的生长才逐渐减缓。

甜瓜全生育期中根系旺盛生长的时间为 50～60 天,从伸蔓期营养器官旺盛生长开始到果实发育盛期,根系的生长量最高。

4.4.2 果实的生长发育

甜瓜的果实为瓠果,由子房和花托共同发育而成。可食部分为发达的中果皮、内果皮。

甜瓜花开放的时间为凌晨 6—7 时,一直可持续到 12 时左右。开花受精后 7 天左右,子房开始迅速肥大,经历 2 周左右果实快速膨大,至 3 周以后增长速率日趋减慢。该时期又称为结果中期。这一时期植株总生长量达到最大。果实体积增加最快,日生长量达到最高值。最快时果径一天可增加 1 cm 以上。该阶段果实重量达标 50%～60% 以上是结果中期,是决定果实产量的关键时期。至单果重达 70% 进入果实成熟期,其硬度、比重、颜色、营养成分和生物化学特性发生显著变化。果实呼吸作用出现"呼吸高峰"。蔗糖含量急速增加,最后占全糖的 60%～70%。同时,由于细胞壁中原果胶的水解,使硬度下降,胎座细胞间空隙加大,果实比重降低到 1 以下。

甜瓜果实的重量和体积变化呈现两头慢中间快的生长节奏。果实纵径增长早而快,横径增长速度稍落后 2～5

天,增长速率也低。果实重量随体积增长而增加,以花后15天左右增重最快。体积减缓增长后果重仍有增加,花后10天左右表皮细胞停止发育,表皮硬化。

由于果实肥大、内部压力的增加,网纹甜瓜于花后3周前后表皮开始龟裂,逐步形成网纹。

4.4.3 叶的生长发育

甜瓜子叶长椭圆形,对苗期生长发育作用很大。每节1叶,每个生长点3～5天可展开1片新叶,叶片生长很迅速,真叶从初现到充分长大约需25天,横径大于纵径。当叶面积不再增加时,其光合作用最旺盛,大约展叶30天后净同化率达到最高,输出的营养物质最高,到了40～45天后老叶失去功能叶的作用。

甜瓜低节位叶片裂刻较高节位叶片的浅,甚至无裂刻,近圆形。水肥充足、生长旺盛时,叶片的裂刻较浅;水分过多时,叶片下垂、叶形变长。高温干旱日照强的环境,叶片较小而且裂刻加深,刺毛多;水分充足、光照少时,叶片普遍增大、变长,裂刻变浅。甜瓜正常叶形位7～8片叶表现品种特征,大小如人的手。如叶片小、缺刻深裂则为老化或纤弱;叶片大、裂刻浅则为长势过旺。

每个瓜应有8～10片完整功能叶,才能保证甜瓜果实的正常发育。如单株坐果2个瓜,则应有18～20片叶为提供营养才能结出好的果实。营养供给不足引起茎、叶片竖直上举。孙蔓管理不严,叶面指数过高,会影响其产量与商品性。因此在生产中整枝和摘心很重要。

4.4.4 茎蔓生长发育

甜瓜茎蔓生,茎蔓由主蔓和多级侧蔓组成。茎节上着生有叶片、侧枝、卷须和花(基部 1～5 节常不能形成花原基)。茎蔓的分枝性很强,每个叶节可发生新的分枝,子蔓生长势常超过主蔓。主蔓上可发生子蔓,子蔓上可发生孙蔓,雄花大多着生在子蔓和孙蔓上。但主蔓 1～3 节的子蔓多不强健,而且结实花发生较晚;以 3～6 节间的子蔓生长最强。子蔓 3～4 节以下的孙蔓,结果较小,因此应选子蔓中部的孙蔓留作结果蔓。

甜瓜正常生长茎蔓的节间长度可达 10 cm 左右。基部 1～4 节常节间较短。茎蔓旺盛生长期日平均可达 10 cm 以上。茎的生长量,白天生长量大于夜间。每一节除着生叶柄外,还在叶腋着生有幼芽、卷须、雌花或雄花 3 种器官。

4.5 库克拜热甜瓜绿色生产标准与环境

4.5.1 绿色甜瓜质量标准

绿色甜瓜质量标准农药残留量应符合农业部颁发的《GB 23200.8.2016 水果和蔬菜中 500 种农药及相关化学品残留量》中关于绿色甜瓜的感官、卫生、农药残留、外观、品质等理化指标要求。

4.5.2　绿色甜瓜生产的环境

　　库克拜热甜瓜生产基地主要集中在图木舒克市 51 农场靠近沙漠边沿地带。生产基地边界清晰,远离城区、工矿区、交通主干线、工业污染源、生活垃圾场。产地的空气、水分和土壤清洁、无污染,无污染源无须进行农业环境的综合治理和"三废"排放治理。生产区域条件符合《NY/T427-2007 绿色食品 西甜瓜》具体要求。

4.6　库克拜热甜瓜的生产

4.6.1　播前准备

4.6.1.1　定制地膜和棚膜

　　为满足库克拜热甜瓜绿色高效生产的需要,提高地膜和棚膜的抗风性和降低大风及风沙天气对甜瓜出苗、幼苗生长的影响,应定制地膜与棚膜厚度和宽幅。标准如下:地膜厚度为 0.01 mm、宽幅为 1.3 m,棚膜厚度为 0.02 mm、宽幅为 2.5 m。

4.6.1.2　地块选择

　　瓜地宜选中等以上肥力的沙壤土或壤土,以沙质壤土最为适宜。前茬以小麦、玉米、棉花等作物为宜。不宜选择前茬为菜地、葫芦科植物或重茬瓜地,且远离温室大棚和蔬菜种植区。轮作倒茬间隔期最好 3～5 年。有列当危害的地块,需 10 年以上轮作。

　　要求土壤有机质含量 1.0％以上；碱解氮 50 mg/L、速效磷 10 mg/L、速效钾 150 mg/L 以上；总盐分 0.5％以下，土壤 pH 值 7～8。甜瓜根系比较发达，耐旱不耐湿，因此，种植甜瓜的地块必须排水良好，要有可靠的灌溉条件的地块。土壤的通透条件好，极有利于根系的发育和早期地温的提升。

4.6.1.3　整地与施基肥

　　(1)整地：选地后，一般正常年份在 3 月 15 日之前进行春灌。根据当地气候条件和土壤墒情情况，3 月 18—25 日期间对地块进行耕翻耙耱等农业作业处理。整地标准要求做到田间细碎、洁净和栽培田块必须符合无公害生产的要求。

　　(2)施基肥：在种植甜瓜前，需要根据土壤的状况配置相应的基肥，基肥的使用可以有效帮助植株提升免疫能力，增加抗病能力。生产优质商品甜瓜要求深施基肥。即整地深耕耙平后，按照瓜沟方向沿着种植方向，在瓜沟中线二侧 60 cm 处开施肥沟，沟宽 25 cm，深 30 cm。将准备好的基肥均匀施入沟内，覆土压平压实。

　　基肥施用量为：亩施腐熟农家肥 3000～5000 kg 或油渣 100～200 kg，同时参入氮磷钾含量为 14：23：8 的复合肥 50 kg，再加 3～5 kg 硫酸钾，或者磷酸二铵 50 kg 加入 8～10 kg 硫酸钾。

　　基肥用量占全部施肥量的 70％左右。

4.6.1.4　开沟、铺膜

　　在 3 月 22—30 日期间，当白天气温 15 ℃以上、夜间最低气温稳定通过 5 ℃以上时，可进行开沟、覆膜工作。沟行距为 190～200 cm。每条瓜沟长度宜控制在 25～30 m。

根据土壤墒情、农资准备到位情况,用机械开挖铺膜机一体机开挖瓜沟并铺设地膜。机械开挖铺膜机一体机先挖出口宽 60 cm、下底宽 10 cm、深 40 cm 的瓜沟。将挖出来的土堆放在瓜沟沟沿上,然后压平形成约 20 cm 宽的播种畦面。用铺膜机将宽幅为 1.3 m 的地膜平滑地铺设到瓜沟内侧及播种畦面上。

用机械开挖铺膜机一体机开挖瓜沟并铺设地膜瓜沟开挖,有助于确保沟沿等高、沟壁平整、减少瓜沟水分的蒸发量和提高土壤温度。

4.6.1.5 处理种子

(1)选种、晒种:播种前的 3～5 天,打开种子袋,把杂色、畸形、破损的种子和杂质挑选干净。在阳光下晒种,可消灭种皮所带的病菌。

(2)种子贮藏:种子是一个活的生命体,进行微弱的呼吸作用。种子的水分含量,对种子的呼吸作用关系密切。一般贮藏种子含水量在 7% 左右,种子不会萌发;当种子含水量达到 14% 左右时,种子吸水膨胀,即开始萌发。

(3)浸种:为防止种子带病,应进行消毒。方法如下:

① 温汤浸种。用 3 倍于种子体积的 55～60 ℃的温水(2 份开水兑 1 份凉水)浸泡种子 15～20 min,不断搅动,至水温降至常温,搓洗种子表面黏液,通过温汤浸种可杀死部分种子表面病菌。

② 药剂拌种。按干种子 0.3% 的用量,用 50% 多菌灵可湿性粉剂拌种,可减少病菌的侵染。

③ 激素处理。采用 0.15％芸苔素 20 倍液浸种,有助于增强种子活力,提高发芽率,促进生根,增强抗逆性。

(4)催芽:一般浸种用的热水体积是种子体积的 3 倍,在温度保持高温 15 min 后,使其自然冷却三四个小时后把种子擦干放置于保温的环境里,保持温度在 30 ℃左右 12 h 后等种子露白就可以播种。捞出后用干净纱布包好放入较大的玻璃或塑料容器中,再用棉被或厚衣服等包起来进行催芽,用于第二天点播。

4.6.2　播种

库克拜热甜瓜春季大田绿色优质栽培适宜播种条件是:以下午 2:00 时间为准,观测膜下 5 cm 土壤温度。当地温连续 2 天以上稳定超过 15 ℃、且一周内不会有倒春寒天气时便可播种。

4.6.2.1　点播种子

(1)播种要求:采用棉花种子作为甜瓜种子伴侣的精量点播技术。3 月 22 日至 4 月 5 日期间,下午 2:00 的地膜下面 5 cm 深地温稳定超过 15 ℃时,以点播的方式进行精准播种。

点播时每一个点播穴位放入 1～2 粒甜瓜种子、两粒包衣剂处理过灭掉活性的棉花种子。棉花种子亩用量 450 g 左右。方法为:播种前用温火炒,灭掉棉花种子活性,以免包衣剂处理好的棉花种子播种以后发芽,达不到保护甜瓜种子和幼苗的目的,反而与甜瓜种子争夺水分从而影响出苗和幼苗的生长。

采用灭活的棉花种子作为伴侣播种技术,可以省略甜瓜种子包衣剂处理。对减少各种土传病虫害以及防止老鼠、鸟类等小动物的偷食,可有效减少药物用量,对提高出苗率有积极的作用。

(2)播种:点播穴位间距 35 cm,按照每亩 1100～1200个点播穴位。播种深度 2～3 cm;种子放入穴位后,用有一定墒情的土覆土 2～3 cm,轻轻地压实。要避免用土块或干土覆盖,以免影响出苗率。

4.6.2.2　铺设棚膜

(1)选用架材:南疆的绿洲基本分布在沙漠边缘和河流冲积平原上,自然植被以红柳、梭梭等灌木类为主,除了胡杨以外几乎没有自然生长的乔木类树木。在当地政府和群众长期坚持和努力下,围绕绿洲逐渐形成了主要用于防风固沙人工防护林,在改善生态环境、保护绿洲农田等方面发挥了巨大的作用。为保护生态环境,不能依靠采集树枝的方法用于小拱棚拱架,通常要购买竹片条或钢筋来解决小拱棚拱架的问题。

选用竹片做架材,每条竹片价格在 6～7 元,每亩成本应在 2000 元左右。选用钢筋制作拱架成本则更高,对于刚刚实现脱贫的农民很难承担,也将加大生产成本。如果再加上运输成本,将会大大降低库克拜热甜瓜的市场经济力,导致销售困难和降低经济效益。

(2)实施的免拱架土墩腾空铺设棚膜甜瓜双层膜栽培技术:用高 10 cm、直径 8 cm 左右的普通塑料袋装好土,距离播种行 5～10 cm 处以 50 cm 为距均匀摆放在瓜沟沟沿上驻墩,成为腾空铺设棚膜的"土墩支撑架"。后用 250 cm宽地膜沟沿利用瓜沟两侧的两道"土墩支撑架"铺设形成覆盖瓜沟的平型棚膜,用土压实腾起棚膜。然后在"土墩支撑架"上放土,达到棚膜绷紧、固定棚膜的作用。该方法降低了小拱棚高度,使得减少了大风对棚膜的破坏,提高棚膜的使用寿命和次数。

库克拜热甜瓜春季栽培采用免拱架土墩腾空铺设棚膜甜瓜双层膜栽培方法,同样起到支架拱棚防风、防沙尘、增温、保湿、防雨、防病的功效,可以实现加速幼苗早期生长、提升甜瓜果实品质、促进早熟早上市、提高经济效益的目的。

免拱架土墩腾空铺设棚膜甜瓜双层膜栽培技术,根本上解决了搭建小供棚所造成的生产成本过高的问题。由于采用就地取材,除人力外几乎无任何成本,每亩可以节省购买小拱棚拱架的费用约 2000 元生产成本。该技术方法操作简单、便于推广。

这种拱膜方法虽具有经济操作简便的优点,但由于膜的支持力较差,为防止灌风揭膜的发生,对边膜的覆土要求较高。并且在一定位置必须设置压膜带。再由于支膜高度限制要及时去拱膜,以防幼苗高温灼伤。因此,人力投入相对较大。

库克拜热甜瓜采用小拱棚膜加地膜覆盖栽培的方法相比自然条件的大田播种时间可提早 10 天左右。在双膜覆盖的增温、保湿、防风沙等作用下,甜瓜集中上市时间相比可提前 20～30 天。

地膜覆盖直播与地膜覆盖加小拱棚膜两种生产方法同时在瓜田使用,可实现错峰上市,实现效益最大化。

4.6.3　苗期管理

4.6.3.1　通风换气

小拱揭膜的时间应选择在当日清晨或傍晚。应避免因温度和湿度差造成的"闪苗"现象的发生。

从幼苗出土至子叶平展,这段时间下胚轴生长得最快,是幼苗最易徒长的阶段,所以要特别注意控制甜瓜苗的徒长。棚膜覆盖期间要及时进行通风换气,严格控制棚膜下面的温度和湿度。棚膜扣好后的第二天在棚膜下面放置温度计,当下午 2 时(北京时,下同)温度达到 30 ℃时,掀开靠近瓜沟处的棚膜边缘进行通风,确保棚膜下面温度控制在 35 ℃以下,相对湿度控制在 50% 左右。

扣棚膜约 1 周后,种子发芽出土。至幼苗长出 2～3 片真叶后,及时放风降温。要求每天上午 11 时后完全掀开棚膜,下午 7 时之前盖好棚膜。其作用是提高幼苗的抗逆能力,同时促进根系生长,避免幼苗徒长形成"高脚苗"。通过降低湿度,防止霜霉病等病害的发生。要及时注意天气变化,如果遇到倒春寒、风沙天气要及时覆盖棚膜。

在 4 月中下旬倒春寒过去后,将棚膜收起来,以免受到高温伤害而影响再次使用,将收起来的棚膜摊开洗干净晒干后叠好,放置于阴凉处备用。

4.6.3.2　防风、培土护苗

小海子垦区春季多出现风沙和大风天气,要注意加强幼苗的保护工作。瓜苗出土后十分脆弱,遇风沙天气,轻则打烂叶片、降低叶片光合作用面积、影响瓜苗生长速度,重则造成叶柄的折断、瓜苗的扭伤或扭断,造成瓜苗缺苗、严重迟缓生育。

首先是压实固定好棚膜,进行避风通风换气,勤掀勤盖棚膜,以便保护瓜蔓和棚膜,消除大风或风沙对瓜苗的伤害和对棚膜的损伤。后在瓜苗根部用松软的干土进行少量培土。

4.6.3.3 间苗定苗

选留健壮的幼苗是瓜田管理工作的主要工作之一。甜瓜播种后,温度适宜 4~5 天即可出苗,1 周左右的时间就可以出土长出子叶。待瓜苗 4~5 片真叶展开时就需要进行定苗。大体上是在定苗时需根据植株的长势,去弱留强,去小留大。

此时若整地灭草不到位,田间播种孔处会有杂草与瓜苗伴生。杂草的生长除与瓜苗竞争光热资源外常是病害滋生源。因此应间苗定苗工作结合除草同时开展。

4.6.3.4 压蔓、倒蔓、顺枝

在甜瓜种植管理中,要推进幼苗蔓叶健硕生长发育,使其产生充足的叶面积。同时要避免蔓叶徒长,便于及早开花结瓜。原则上早期要以促为主导,显蕾左右以控为主导。因此,甜瓜生长过程中需要及时对植株的藤蔓进行压蔓和顺蔓工作。压蔓的方法是选择合适的土块压住植株的茎蔓使其生长平顺。

为了避免南疆经常出现的大风或风沙对脆弱瓜苗和瓜秧造成伤害,在甜瓜的整个生产过程中,要适时进行倒蔓和压蔓。当甜瓜摘心后进行倒蔓,倒蔓时应在地膜上先铺一层细土,以避免茎叶触及地膜面而造成灼伤,将茎基部靠畦内一侧的土轻轻拨开,使其成为 3 cm 左右的小槽,然后顺

势将瓜苗倒向槽内,同时在根茎部培 5～8 cm 的松软干土,培土一定要用松散的干土且不宜过多或过厚,以防烂根。用土块或拔出的草对瓜秧进行压蔓,以便达到相对固定的目的。

倒蔓和压蔓时要小心细致,不要损伤幼苗和瓜秧,以减少病苗感染机会。南疆地区乔木少,但红柳等灌木较多。沙土地种植甜瓜可采用红柳灌木枝杈作甜瓜枝蔓固定物,可极大提高劳动功效。

4.6.3.5　及时根外和根际追肥

甜瓜的花芽分化早在子叶出土后就已开始。出苗后 25～30 天花器分化完毕并开始开雄花。此时秧苗的生长势强弱决定了甜瓜开花的质量。采取根外和根际追肥的方法是甜瓜生产的重要措施之一。方法为用 0.10% ～ 0.25% 磷酸二氢钾混合液叶面喷施,每隔 7～10 天喷 1 次,连喷 2～3 次。

4.6.3.6　及时防治苗期病害虫

由于播种量的限制和采用独苗生产,苗期虫害一定要及时防治。在缺苗状况下,稳定和提高产量不能依靠单株双瓜来弥补。

(1)甜瓜苗期幼根细嫩,易被蝼蛄、金针虫等地下害虫危害。又由于是单株定植,防治苗期害虫是比较重要的丰产措施。可以用毒饵诱杀的办法及时毒杀。

(2)结合叶面施肥及时防治病害发生。

4.6.4　摘心和整枝

叶片是制造营养的器官,甜瓜叶片在日龄 30 天左右时制造的营养物质最多,供给植株其余部分的营养物质也最多。果实膨大时,功能叶越多,则供给果实的养分越多。整枝是人工调节甜瓜植株生长与结果关系的重要措施。目的是人为调控植株的生长,保证果实膨大和成熟期有较多的功能叶。

库克拜热甜瓜主蔓上每一叶节都生出侧蔓,侧蔓生长可达 250 cm 以上。且若任其生长,将导致株丛密集杂乱、浪费养分,影响甜瓜成熟期和品质。通过整枝技术措施,使枝蔓分布合理,改善植株群体内部的通风透光条件。

4.6.4.1 整枝

为调节甜瓜茎蔓的生长和控制茎蔓的营养生长,促使结瓜和早成熟,整枝采取以下几种方法:

(1)主蔓单秆整枝:母蔓作主蔓单蔓整枝,是母蔓苗期不摘心,主蔓 8 片叶之前的侧芽全部抹掉,在母蔓 8～11 节保留侧枝留瓜,留瓜后叶片在长到 10～12 片叶时,掐掉顶部生长点。此时,总叶片数已达到 20～23 片叶。打顶是限制其营养生长,促进叶片养分回流到果实中,保证果实充足养分供给。

(2)子蔓单秆整枝:植株主蔓长至 4～5 片叶时掐掉生长点,促进子蔓产生。子蔓生长 1～5 节前的侧芽全部抹去,保留子蔓 6～8 节的侧蔓结瓜,待子蔓长至 18～20 片叶时摘心打顶。此方法瓜的成熟期稍早,瓜成熟期相对集中。

(3)双蔓整枝:植株主蔓长至 4～5 片叶时掐掉生长点,促进侧芽生长,同时保留两根子蔓,子蔓 1～5 节的侧芽全部抹掉,待子蔓长至 6～9 节时侧蔓留瓜,现雌花的孙蔓留 1～2 片叶摘心,无雌花的孙蔓也在萌芽时抹去,每条子蔓生长到 20 片叶时打顶,最后每株留两个瓜。双蔓摘心整枝法产量较高。

子蔓伸长至果实迅速膨大是茎蔓茂盛生长期。一天内茎蔓的生长量可达 9～14 cm,在子蔓迅速伸长期要及时整枝,以充分利用土地和太阳光能为原则,通过整枝使茎叶合理、均匀地分布,最大限度地利用光能。

(4)简单整枝:即在中后期田间叶面积系数较大时,可用棍子简单打顶,防止田间郁蔽。

4.6.4.2 摘心

摘心也是栽培成败的重要技术措施。因为甜瓜主蔓较侧蔓的生长较弱,通过摘心和整枝,减少过多的幼叶和幼瓜对养分的消耗,合理控制群体叶面积指数和叶果比,改善植株的光合生产率,使植株在不同密度条件下形成高效能的群体结构,从而达到优质、高效栽培的目的。苗期摘心能够促使库克拜热甜瓜瓜秧长度变短、叶面积增大、功能叶面积增加、花芽早分化和坐果节位降低,有助于提高单位土地面积利用率,增加经济效益。

库克拜热甜瓜结果以孙蔓为主,宜采用双蔓整枝方式。同时要对主、侧蔓和孙蔓进行及时摘心技术措施。当生长4～5 片真叶时主蔓摘心,促进子蔓作发生。选留从主蔓第三叶节以上的发生 2 个子蔓作结果母蔓。当子蔓长至 8～10 片叶时对其进行摘心,促子蔓早日长出孙蔓。在孙蔓雌花开花前 2～3 天,留 2 片叶摘心。促使孙蔓上早日长出雌花并子房迅速膨大。

4.6.4.3 甜瓜整枝摘心注意事项

(1)留果节位前孙蔓留 2 片叶摘心,结果节位上部至少保留 8 片叶。

(2)要及时整枝。一般在坐果前每 2～3 天就要打一次侧枝。如整枝不及时,坐果率较低。侧枝过大,整枝打杈造成伤口过大,易引起病菌侵入。

(3)幼苗期(4～5 片真叶)摘心,使营养物质及时向侧枝转移,促进侧枝发生。当结果枝上果实坐住后,及时对结果枝摘心,使营养物质运向果实,可以防止化瓜,促进果实膨大。要保证摘心彻底。当坐果后,则可适当降低标准。另外,在封垄期间,则需要及时摘除。

(4)对生长在瓜沟内侧的瓜蔓及时去除,以免沟中湿度高引起的病害侵染。

(5)在当地土壤沙化较重条件下,可采用当地灌木枝杈(如红柳)压蔓,可极大提高劳动效率。灌木枝杈可在冬季农闲时准备。

(6)摘心时手和所用工具应注意入地前后的消毒工作。

(7)用灌木藤条敲击对甜瓜果实膨大后期枝蔓进行打顶,可有效节约人力成本。

4.6.5 留瓜

按雌花在瓜蔓上出现的顺序各自称首位雌花、其次雌花、最后雌花等。从首位雌花对外开放至其次雌花对外开放约经 6 天,其次雌花对外开放至最后雌花对外开放约经 5 天,最后雌花对外开放至第三雌花对外开放约经 4 天。留瓜节位的高低,直接影响果实大小、产量高低及成熟迟早等。如果坐瓜节位低,则植株下部叶片少,或雌花本身发育不良。果实发育前期养分供给不足,使果实纵向生长受到限制,而发育后期果实膨大较快,因而果实发育小且扁平。如果坐瓜节位过高,则瓜以下叶片较多,上部叶片少,有利于果实的初期纵向生长,而后期的横向生长则因营养不足而膨大不良,出现长形的果实。故在茎蔓的中部留瓜,果实发育最好。

留瓜个数应根据品种、整枝方式、栽培密度等条件而定。单蔓整枝少留果,双蔓整枝多留果。栽培密度大时少留果,密度小时多留果。实践证明,适当密植,单株少留瓜是实现早熟、优质和高产的有效方法。采用双蔓留枝法整枝,即主蔓摘心后选留上部 2 条健壮子蔓作结果母蔓,其余子蔓从基部摘除。当子蔓长 8～10 片叶时摘心。疏除子蔓基部较前的孙蔓,选留子蔓中部发生的两个孙蔓,通过摘心使结瓜。实践证明,子蔓上第五片叶以后生长出的孙蔓坐瓜早、坐果率高。其方法适合密植生产,特别是在缺水的干旱地区与肥力较差的土壤上种植甜瓜。

4.6.6 选瓜和翻瓜

选留瓜的时间应从幼瓜生长至鸡蛋大小开始,至瓜迅速膨大结束时完成。留瓜过早,则难以确定是否坐住瓜或幼瓜的优劣;留瓜过晚,则会使植株消耗大量养分。幼瓜膨大过程中,注意观察瓜秧和幼瓜生长发育状况,及时摘除发现的异型果和烂果。

选留幼瓜的标准是选幼瓜颜色鲜嫩、子房发育形状匀称、健全无伤、果柄较长、粗壮的幼瓜。将畸形果、小果及时剔除。

4.6.6.1 选瓜、定瓜

甜瓜果实成熟与留瓜数量及管理方法标准相关。在 20～40 ℃,通常管理方法标准下,留 1 个瓜时为 45 天,留 2 个瓜时需 60 天上下。

到 5 月下旬幼瓜生长到约鸡蛋大小后,每 1 根子蔓上选生长健壮的 1 根孙蔓,留 1 个发育良好、无病虫害和疤痕的幼瓜。有条件的可以选留 2 根孙蔓结瓜。为保证果实品质,每株最多选留两个果型好的瓜。

为保证商品的一致性,选留 2 个瓜时,一定要选大小相当、位置相近、授粉时间相同的瓜,以防长成的果实一大一小。及时去除多余幼瓜,并结合整理瓜秧、除草及摘除衰老的叶片。

4.6.6.2 翻瓜、盖瓜、垫瓜

为避免虫咬、果面被划伤、潮湿导致烂瓜及光照不均形成"阴阳瓜",翻瓜可以显著提高甜瓜的商品性,改善甜瓜品质,同时使甜瓜各面均匀受光受热,生长发育均匀。当幼瓜重量生长至 0.5 kg 时开始翻瓜工作。瓜太小容易使瓜受到伤害,太大阴面很难在短时间内恢复。

方法为将幼瓜向同一方向转动瓜面 1/3 约 120°,间隔 7～10 天翻转 1 次并及时垫瓜,全期翻瓜 2～3 次为宜。

如甜瓜果实成熟期晴天光照强,为防止果面受烈日灼伤,翻瓜的同时要求勤除草并合理利用杂草或瓜叶盖好瓜面,防止果实晒伤。在瓜秧发育较弱或有条件的情况下,可在果阳面采用报纸类物质包裹方法覆盖,这样可以做到翻瓜和盖瓜一次完成。

如遇甜瓜果实成熟期雨水多,可在畦面铺草。未铺草

的瓜地,也可在果实下面临时垫放草圈或麦草以减少烂瓜。通常采用商品瓜垫垫瓜,可大大降低瓜面腐烂、白色疤痕等情况发生,以确保产品外形好、无疤痕、网纹均匀、皮色一致。

4.7 甜瓜水肥管理

据相关研究,每生产 1000 g 甜瓜,约需纯氮 2.5~3.5 kg、五氧化二磷 1.3~1.7 kg、氧化钾 4.4~6.8 kg。且 N:P:K=1.00:0.39:3.17。单株甜瓜全生育期吸收的养分以钾素为最多,达 7.34 g;氮素次之,为 2.31 g;磷素最少,仅 0.90 g。养分不足,甜瓜长势差、口感差,将直接影响产量和收入。图木舒克市靠近沙漠的农场,气候干燥、降雨少,天气条件有利于甜瓜生产。但规模化、商品化生产甜瓜,必须保证生产要有灌水条件。尤其在甜瓜膨大期保持土壤湿度及养分有效供给以保证产量和品质。采用沟灌时确保水不漫灌、不积水且注意氮、磷、钾三要素的合理搭配,切不可偏施单一的氮素化肥。

4.7.1 灌水

南疆地区种瓜一般是采用春灌的方法。

(1)揭棚后采用蹲苗措施以促进根系生长。但蹲苗时间不宜过长,否则易形成僵苗,影响甜瓜后期的营养生长,20 天左右开始灌头水。浇水时要做到小水单沟漫灌,浇透且不积水。要求畦面不允许淹水,尽可能地确保畦面干燥。

且灌溉水位在瓜沟边缘低 10～20 cm 以下为宜。以后每隔 20 天左右浇 1 次水。

（2）开花坐果期应以控水为主。在坐瓜后,当大多数的瓜长至鸡蛋大小时开始浇水,以免生长过旺而化瓜。

（3）果实膨大期应该保证充足的水分供应,把握好因地制宜,不要忽干忽湿,以促进其营养生长和果实的膨大。果实膨大期结束,进入待熟期(成熟前 15～20 天),为了增加甜度、杜绝病害,应停止灌水或少量供水,严禁大水漫灌。

（4）由于南疆暴晒和中午高温,果实膨大后期浇水宜选择在早晨或者晚上进行,这样可以有效减少裂果的大量发生。

4.7.2　施肥

甜瓜栽培要求整地时施足底肥,生产期间一般不再土施有机肥和氮肥。如基肥不足,可在雄花开放前,在两株瓜苗之间,距沟沿下方 20 cm 处挖穴追肥。每亩追施腐熟油渣 100 kg 或磷肥 15 kg、钾肥 8～10 kg。如果瓜苗长势弱,可分两次随水亩用 5～10 kg 尿素提苗。

（1）甜瓜不同生育期吸收的氮、磷、钾量是有差异的。研究结果表明,在营养生长阶段应以氮、磷肥为主。坐果期主要吸收氮和钾,磷较少。成熟期甜瓜对钾素的吸收高于对氮、磷的吸收。坐果后至成熟期养分迅速往果实中转移,坐果前氮、磷、钾养分主要集中在叶片。

（2）果实膨大期初期及时追肥、灌水。当甜瓜果实长到鸡蛋大小后,应及时追肥。可结合浇水冲施膨瓜肥。甜瓜是喜钾作物,单株全生育期吸收的养分以钾素为最多,达

7.34 g;氮素次之,为 2.31 g;磷素最少,仅 0.90 g。甜瓜后期对钾元素需求量较大,增施钾肥,可明显提高甜瓜产量和品质。另外,对出现旺长的植株,应适当控施氮肥。

(3)加强根外施肥。除了基肥和追肥之外,还要根据植株的生长状况进行合理的根外施肥。根外施肥主要是喷洒 0.1%的磷酸二氢钾溶液叶面肥。结合防治病虫害,喷洒叶面肥能起增产保质的良好效果。视植株长势,叶面肥也可用低浓度尿素和 0.1%磷酸二氢钾溶液混合制成。

(4)近年来复合化肥和瓜田专用化肥应用越来越多,实践证明,甜瓜上施用复合或专用化肥具有明显的增加产量和保证质量的效果,应予提倡。施用化肥的种类和数量应根据不同生育时期、植株长势以及不同栽培目的而定。幼苗期以氮、磷为主,促进根系发达;伸蔓期应以氮肥为主,促进茎叶健壮生长;结瓜期则以钾、氮为主,以改进果实品质。

4.8 病虫害和早衰的预防

虽然库克拜热甜瓜栽培管理中表现为综合抗病性较好,发病较轻、抗早衰,但在生产中也应贯彻"预防为主、综合防治"的植保方针,坚持以"农业防治、物理防治、生物防治为主,科学使用农药"的绿色防控原则,预防各种病虫危害的发生。绝对禁用高毒、高残留农药,选用高效、低毒、低残留农药,且把使用量压到最低限度,最大限度地发挥综合防治的效用。

4.8.1　加强苗期病虫害的预防和防治

苗期的主要病虫害为苗期猝倒病和有部分地下害虫（如蝼蛄、金针虫等）危害。

甜瓜苗期猝倒病发生的原因是低温高湿条件所致，因此加强苗期棚内通风、严格调控棚膜内湿度是比较有效的方法之一。生产中将包衣剂处理灭掉活性的棉花种子作为甜瓜种子伴侣点播，可有效降低苗期的主要病虫害发生和危害。

苗期部分地下害虫危害可以用毒饵诱杀的办法，能有效减轻害虫危害。方法为：将麦麸、棉籽、豆饼粉碎做成饵料炒香，每 5 kg 饵料加入 90% 晶体敌百虫 30 倍液 0.15 kg，并加适量水拌匀，可诱杀蝼蛄、地老虎等地下害虫。每亩施用 1.5～2.5 kg。

4.8.2　加强生长期病虫害的预防和及时防治

库克拜热甜瓜抗病能力相对较强。生长早期主要是以防治和预防疫病、霜霉病、白粉病、细菌性叶斑病、枯萎病的发生。生长后期尤其是成熟期以预防白粉病、霜霉病、细菌性叶斑病和病毒病危害为重点。用甲基托布津、百菌清、霜疫必克（疫霜灵）、农用链霉素、敌力康等农药每两周交替喷施叶正、反面，可取得良好的预防效果。偶尔发现的疫病采取立即拔除病株，并带出田外销毁、病穴撒上石灰消毒的措施。

虫害主要为蚜虫危害。用吡虫啉等农药结合叶面施肥及时防治和预防。

4.8.2.1 病害防治

(1)甜瓜白粉病防治：此病主要侵染叶片、叶柄，严重时也可危害叶柄和茎蔓，果实受害少。发病初期，叶面上产生白色粉状小粉点，不久逐渐扩大成一片白粉层即病菌菌丝体、分生孢子梗及分生孢子，以后蔓延到叶背、叶柄和蔓上、嫩果实上。后期白粉层变灰白色，白粉层中出现散生或堆生、黄褐色、小粒点后变成黑色小点，即病菌有性世代的闭囊壳，病叶枯焦发脆，致使果实早期生长缓慢。苗期和成株期均可发病。

防治方法：加强栽培管理与药剂防治相结合的综合措施。

① 农业防治：田间应注意加强水肥管理，防止植株徒长和早衰，施用有机肥、氮、磷、钾复合肥，保持植株通风好。及时整枝打杈，作物收获后清除病株残体，减轻第二年初侵染源。

② 药剂防治：调查发病中心，植株发病初期及早喷药，控制病源蔓延。选用 15%粉锈宁可湿性粉剂 1000～1500 倍液或 20%粉锈宁乳油 1500～2000 倍液，相隔 15～20 天喷 1 次，防治效果显著。或用 50%硫黄悬浮剂 200～300 倍液、30%敌菌酮 400 倍液；或用 50%甲基托布津可湿性粉剂 1000 倍液、50%托布津可湿性粉剂 500～800 倍液、多硫磷 1000 倍液，每隔 7～10 天喷 1 次，每亩喷药液 60 kg 左右。27%高脂膜乳剂 200 倍液组合少量尿素于叶片干时喷雾。间隔 7 天，再喷 1 次。

防治方法：发病前叶面喷洒 2～3 次 50%多硫悬浮剂 300 倍液或硫黄粉，可预防白粉病的发生；发病初期选用

1%武夷菌素水剂 150 倍液、15%三唑酮(粉锈宁)可湿性粉剂 1000～1500 倍液,或 20%腈菌唑乳油 1500～2000 倍液等喷雾,每 7 天左右喷 1 次,连喷 3 次。

(2)甜瓜枯萎病防治:甜瓜枯萎病又称萎蔫病、蔓割病,是瓜类重要病害之一,常造成大片瓜田植株死亡。该病由土壤侵染,是从根、根茎部侵入维管束寄生的系统性病害。

本病典型症状是萎蔫,瓜类生长的全生育期都能发病,但以抽蔓期到结果期发病最重。苗期发病症状是叶脉发黄、子叶萎蔫下垂,严重时幼苗僵化,甚至枯萎死亡。发病多在植株开花至坐瓜期,发病初期,植株表现为叶片从基部向顶端逐渐萎蔫,中午尤其明显,早晚尚可恢复,数日后植株全部叶片萎蔫下垂,不再恢复常态,茎蔓基部稍缢缩,表皮粗糙,常有纵裂。有的病部出现褐色病斑或琥珀色胶状物。典型症状是当产生枯萎病时,剖视维管束,可看到明显褐变。在潮湿的情况下,病部产生白色或粉红色霉状物。

防治方法:应进行以加强栽培管理为主,以轮作倒茬、选用抗病品种、合理灌水为中心,药剂防治为辅助的综合防治。

① 农业防治

轮作:最好与非瓜类作物实行 5 年以上的轮作,也可实行水旱田轮作。

加强栽培管理:播前平整好土地,施足腐熟的有机肥作基肥,灌足底水,幼苗期适当灌水,生长期浇水时应细流灌溉,严禁漫灌和串灌;追施有机肥,合理搭配氮、磷、钾复合肥,可以增强瓜株抗病性。

② 药剂防治

播种前重病田穴施药土:药土的比例为 1∶100,在穴内下铺,上盖,然后覆土。药剂可选用 25% 苯来特,或 50% 多菌灵,或 50% 甲基托布津,或 40% 拌种双粉剂,或 40% 五氯硝基苯,每亩用药 0.5~1.0 kg。

发病初期灌根:田间发现零星病株时,可选用苯来特、甲基托布津、多菌灵、苯菌灵或敌克松 500~1000 倍液在植株根围浇灌,每株用药 200~250 mL,间隔期 7~10 天,共灌 2~3 次。

(3)甜瓜病毒病:常见有花叶型和坏死型 2 种。花叶型表现为系统花叶,上部叶片先发病,呈深绿色和浅绿色相间的斑驳花叶,叶小稍卷曲,茎扭曲萎缩,病株矮小,结瓜少且小,上生深浅不均的绿色斑驳。坏死型有 2 种,叶片上出现圆形坏死斑点,或滞长矮缩,或产生锈褐色斑。叶片四周褪绿晕环,病斑与微细叶脉相连变成锈色网状,逐渐坏死,严重的全株枯死。

防治方法:发病初期开始喷药,常用药剂有 20% 病毒宁水溶性粉剂 500 倍液,5% 菌毒清可湿性粉剂 500 倍液,0.5% 抗毒丰(菇类蛋白多糖)水剂 300 倍液,20% 毒克星可湿性粉剂 500 倍液。每隔 10 天左右防治 1 次,共防治 2~3 次。

4.8.2.2 虫害防治

(1)蚜虫:成蚜和若蚜喜欢在瓜苗生长点、嫩叶、叶背面、嫩茎上吸食汁液,造成叶片卷缩不长,成株期危害严重时不能授粉,甚至叶片脱落,同时分泌蜜露影响光合作用和呼吸作用,而且还是传播病毒病的主要媒介。

防治方法:坚持早防治原则。及时清除田间及周边杂草,清除瓜类残株病叶等。发现蚜虫及时喷洒 4.5% 高效顺反氯氰菊酯乳油 2000 倍液,500 抗蚜威可湿性粉剂 2000～2500 倍液。可用吡虫啉等农药结合叶面施肥及时防治和预防,或用 20％灭扫利 2000 倍液、25％功夫乳油 4000 倍液防治。也可用洗尿合剂防治蚜虫。

(2)红蜘蛛:以若虫和成虫在叶背吸食汁液,造成失绿变黄变白,影响光和产物形成。严重时叶片干枯,甚至整株死亡。

防治方法:彻底清除田间杂草和茎蔓落叶。发生初期,用 20％哒螨灵 1500 倍液或 1.8％阿维菌素 3000 倍液喷雾。

(3)瓜蓟马:以成虫和若虫吸食嫩叶、嫩尖、花和幼果的汁液。被害嫩叶嫩尖变硬变小;植株生长缓慢,节间缩短;幼瓜受害硬化毛黑、膨瓜缓慢、瓜皮粗糙,甚至造成落瓜。

防治方法:发生初期和坐瓜初期用菊酯类农药 2000 倍液喷雾。

(4)预防瓜秧早衰:进入 6 月下旬,甜瓜快速膨大后期至成熟阶段,此时温度可达到 40 ℃左右。气温和地温的快速上升造成甜瓜叶片的蒸腾作用加快,造成甜瓜的蒸腾作用受阻,使甜瓜植株的温度调节能力失常,植株易出现早衰。表现为叶色失绿黄化、叶片失水萎蔫等症状。坐瓜节附近的叶片尤为严重,易出现畸形瓜、僵硬瓜,甚至导致瓜秧干枯死亡,严重影响甜瓜的产量、品质及经济效益。可在果实膨大初期、网纹形成期追肥,每亩施硫酸钾 5～15 kg、尿素 5～8 kg,同时可用叶面喷施浓度 1 g/ kg 磷酸二氢钾溶液 2～3 次,可有效预防瓜秧早衰。

(5)杜绝人为传播病害:瓜农或技术人员在田间进行除

草、整枝、疏花疏果、查看病情、移除得病植株等各类操作时,很容易成为各类病菌的传播者,导致病害人为传播。为此要求相关人员每次下地工作时,要带上 10 g/ kg 配置好的一小桶洗衣粉水,每抓瓜秧一次将手放入水桶进行杀菌,可以取得良好的预防病害传播的效果。

① 避免植株伤口侵染。整枝打杈、疏花疏果、摘除得病叶片等过程中,用剪刀＋2％浓度的洗衣粉水进行剪除,能够减少对瓜蔓的扭掐损伤、缩小伤口面积,减轻被感染的机会。

② 减少无相关人员入地。

4.9 收获和分级

甜瓜的品质与果实成熟度密切相关,果实成熟度不够,果肉内的糖分尚未完全转化,甜度低、香味不足,商品性差;但若采收过晚则果肉变软,风味欠佳,食用价值也会降低。因此甜瓜栽培时适熟采收是十分重要的。另外,果实的着色、网纹等商品性状也都会随着甜瓜成熟度的增加而增加。

由于南疆地区甜瓜产能较大,外销是甜瓜消费主要路径之一。库克拜热甜瓜生产地处南疆腹地,销售运输距离较远,采摘时要充分考虑气候、运输距离、运输条件等因素,按果实成熟度做到分级采收。为防止日晒雨淋、机械损伤,及时拉运到阴凉的地方以利于冷却和分级包装。

4.9.1　确定采收时期

判断成熟的主要依据是果实外部特征:甜瓜成熟时会出现该品种固有的皮色、花纹、条带和网纹。甜瓜采收期比较严格,甜瓜只有适时采收,才能保证商品瓜的品质。采收过早,果实含糖量低,香味淡,有时甚至有苦味;采收过晚,过熟的瓜果肉组织软绵,瓜瓤水解发酵,养分下降,食用价值降低,果肉组织分解,口感绵软,硬度下降不利于存放。

甜瓜采收时间还要根据不同的销售方式来确定采收期。就地销售时,应在完全成熟时收获。远途贩运,可在果实八九成熟时采收。

甜瓜成熟期,除与生长气温条件相关外,与留瓜数量及管理方法也有关。在 20～40 ℃,通常管理方法标准下,留1 个瓜时为 45 天,留 2 个瓜时需 60 天上下。

4.9.2　采收方法

甜瓜采摘工作要选择晴天的早晨和傍晚温度较低时进行。但早晨采收的瓜含水量高,不耐运输,故远运的瓜宜于午后 1—3 时采摘。采收时要用剪刀,防止扭伤瓜蔓和果柄。采摘时左手托住果实,右手将果柄前后 1 节叶片剪掉,留 5～10 cm 长的马蹄形瓜柄。

甜瓜采收后将其置于阴凉处,避免重叠,待果温与呼吸作用下降后,用软布将果面擦拭干净,在果面上统一贴上商标,套上泡沫网套,装入带通气孔的纸箱内。不允许出瓜田的环节对瓜挤压。

4.9.3 按照出口厚皮甜瓜分级要求进行严格的分级筛选

专业人员通过称重挑选出单果重量 1.8～2.5 kg 的甜瓜,先对外观进行二次分级筛选。后将瓜皮颜色一致、网纹清晰、大小均匀、无疤痕、无病害、无瓜皮或软组织损伤等符合库克拜热甜瓜固有特征的瓜挑选出来,再用便携式糖度无损检测仪进行 3 次筛选。

分选出中心可溶性固形物在 16% 的甜瓜,套上尼龙发泡塑料网袋,装入提前准备好的硬质纸箱。每一个包装纸箱装入 2～4 个瓜,瓜与瓜之间用瓦楞纸隔开,以达到防止摩擦和增加包装纸箱支撑重量的目的。

采摘、搬运和分级过程中要注意轻拿轻放,尽量避免瓜与瓜摩擦,造成瓜皮或软组织的损伤。

4.10 农药残留检测

库克拜热甜瓜生产过程中,通过农艺、物理等措施,尽可能地减少农药的使用,但为了防治病虫害的发生,仍然使用了低浓度的农药。在装箱和运输之前按照《GB 23200.8.2016 水果和蔬菜中 500 种农药及相关化学品残留量》标准,采用气相色谱—质谱法对库克拜热甜瓜进行了农药残留的检测,SGS 检测报告显示检测出戊唑醇(Tebuconazole)但低于定量限,其余农药残留未检出,表明库克拜热甜瓜符合绿色产品生产标准。

4. 11　提高甜瓜商品率的技术措施

4. 11. 1　甜瓜裂瓜原因及防治

　　甜瓜裂瓜一般从幼瓜果柄至果脐深度纵裂,果肉外露,一般在幼瓜膨大期和果实膨大期发生比较多。而且在开裂之后,果实很容易发生腐烂,造成很大的损失。

　　甜瓜的果皮是随着果实的膨大成熟而硬化的。甜瓜从坐瓜后开始生长膨大到停止膨大这一时期为甜瓜膨大期(约25天),这是甜瓜需肥需水量最大的时期。若在膨大前期控水过度,造成果实膨大前期缺水,会使瓜皮过早老化变硬。进入膨大后期若土壤水分迅速增加,就造成甜瓜内部果肉迅速膨大生长,而瓜皮因过早老化变硬导致生长速度减慢,结果内部果肉胀破老化的表皮,而出现裂瓜。此外,甜瓜果面受阳光照射后,果皮老化变硬收缩,果皮收缩后在甜瓜表面产生同心圆形的龟裂纹。高温天气后大量灌水也可能发生裂瓜。

　　土壤中缺少钙和硼等微量元素时,也易形成裂瓜。

4. 11. 2　防治甜瓜裂瓜的技术管理措施

　　(1)根据甜瓜生长发育的生理特性合理、均衡供应肥水。授粉前后期和膨瓜期浇水要特别注意土壤忽干忽湿湿度变化影响。掌握好浇水的次数和时机,保证土壤不过干过湿,湿度剧烈变化,是减少甜瓜裂瓜的重要措施。

（2）保护好果实周围的叶片，避免阳光直射果实，有利于延缓果皮老化过程。果实迅速膨大期当阳光照射强烈时可以利用果实周围叶片或可用报纸套袋和其他覆盖物遮盖避阳，防止阳光下暴晒造成的裂果和日灼现象的发生。

（3）叶面增施钙肥同时补充其他微量元素。喷叶补充钙、硼、锌，可有效防止裂瓜。

（4）及时收瓜，应在晴天中午或下午瓜含水量较少时收瓜。早、晚收瓜时，因瓜含水较多，在收瓜和搬运的过程中，容易发生裂瓜。

（5）甜瓜收获 7 天之内不要浇大水。

4.11.3　甜瓜歪瓜原因

4.11.3.1　授粉不良

授粉不良或喷药不均使种子会集中于瓜的一侧，这样导致种子多的一侧营养供应充足，生长较快，而另一侧营养供应不足，生长膨大速度慢，造成瓜的两侧膨大不均匀，形成歪瓜。

4.11.3.2　温度分布不均

瓜表面温度不均也会造成歪瓜，瓜朝阳的一面温度高，膨大速度快，而朝阴的一面则因温度过低导致膨大慢，形成上大、下小的歪瓜。另外，在低温营养不足的情况下，也极易形成歪瓜。

4.11.3.3　坐瓜太多

坐瓜过多导致植株营养供应不足，得到营养较多的生长快速，得到营养少的生长缓慢，形成歪瓜。

4.11.3.4　植株损失

甜瓜在膨大时,因为局部受损,也会导致局部生长缓慢,从而形成歪瓜。

4.11.3.5　病虫危害

肥水供应不足导致瓜秧长势较弱或者病虫害危害,结瓜时,会因瓜秧的有效面积小,瓜的营养供应不足,而形成歪瓜。

4.11.4　甜瓜化瓜的原因

甜瓜在雌花开放后,子房(瓜妞)出现黄化,2~3 天后幼瓜逐渐干枯或死掉,这种情况就是甜瓜出现化瓜了。甜瓜出现化瓜现象发生比较普遍,引起化瓜的原因主要有以下 4 点:

(1)土壤肥力不够,尤其基肥供应不足,造成早期植株长势过弱和花芽分化不良,出现化瓜。

(2)灌水不当土壤湿度不稳定所致。低温天气持续时间长,光照不足植株生长弱,造成雌花营养不良,子房因供给养分不足或得不到养分而黄化。加之灌水不当加剧了植株营养消耗。

(3)前期施入氮肥过量,在管理上整枝、摘心又不及时,造成营养生长与生殖生长失衡,从而出现化瓜。

(4)授粉不良,在甜瓜开花授粉期间,连续不良天气致使授粉不良影响花粉发育和花粉管的伸长。

(5)防治方法

① 施足基肥,提高农家肥的比例,配合适量的氮、磷、钾等肥料。

② 甜瓜苗期蹲苗、控旺长,将营养集中在幼果。

③ 及时整枝、摘心,合理水肥供给。

④ 增加花期授粉昆虫的投入,做好疏果授粉工作。

4. 11. 5　甜瓜网纹形成不良及管理措施

甜瓜瓜皮最外层生长速度慢,当瓜长大外层皮就会裂开形成了裂纹。种植网纹甜瓜时,由于管理技术不当,常常导致果实表面形不成网纹,或形成的网纹不美观,影响了果实的商品性。网纹不美观产生的主要原因为:

(1)高节位坐的瓜,由于瓜的上位叶片少,造成植株后期生长势衰弱,不仅瓜个小、含糖量低,而且果实表面常常不能形成网纹或网纹稀少。

(2)水分管理不当。

(3)在网纹形成时期(指开始出现网纹到网纹完全形成这一时期),如果温度过高或果实受到强日光直射,果面容易形成不完全网纹。

管理措施:选择中部节位留瓜、搞好水肥管理及防止强光直射果实。

甜瓜授粉后 7~10 天,当幼瓜长到鸡蛋大小时,果实进入快速膨大期,应及时浇足膨瓜水。授粉后 14~20 天进入果皮硬化期,果实表面开始出现网纹,网纹形成时期(约需 7~10 天)不要浇大水。网纹完全形成以后,再逐渐增加水分,以促进果实肥大和网纹良好发育。并在甜瓜的膨大后期应避免强光直射果实。网纹形成时期和网纹完全形成以后,应用报纸包住瓜,避免强光直射到果实上,以使果实着色均匀、网纹优美。

定植前施足基肥和生长期间合理、及时追肥,也是甜瓜网纹形成的关键因素。网纹甜瓜从开花授粉到果实停止膨大是吸收肥料的高峰,膨瓜期则是追肥的关键时期。瓜膨大盛期还要叶面追施 0.2% ~ 0.3% 的磷酸二氢钾,以促进网纹的完美。

参考文献

陈曦,2019. 大豆高代品系的稳定性与适应性分析[D]. 郑州:河南农业大学.

陈燕,2014. 第六师果蔬产业区域竞争力评价研究[D]. 乌鲁木齐:新疆农业大学.

翟光辉,高倩,潘忠强,等,2021. 西红柿主要栽培技术及病虫害防治[J]. 种子科技,39(21):49-50.

董铁成,王健康,赵志坤,等,2021. 河南地区优质辣椒品种美辣华之秀一号春保护地栽培技术[J]. 长江蔬菜(15):61-63.

韩亚楠,2015. 丛枝菌根真菌和植物根围促生细菌组合菌剂对黄瓜根结线虫病的影响[D]. 青岛:青岛农业大学.

何有军,2021. 泾川县辣椒秋延后设施优质高产栽培技术[J]. 农业科技与信息(5):65-66.

李干琼,王志丹,2020. 新疆西瓜甜瓜绿色生产调查研究[J]. 中国瓜菜,33(06):59-62.

李升华,2020. 辽西地区设施温室辣椒优质高效栽培技术[J]. 现代农业(11):25.

李许真,姜永华,陈书霞,2016. AM真菌和根结线虫互作对黄瓜幼苗生理变化的影响[J]. 北方园艺(5):9-13.

李媛媛,鲁丽鑫,王冰林,2011. 根结线虫侵染对番茄叶片保护酶活性及膜脂过氧化的影响[J]. 潍坊学院学报,11(6):73-76.

刘慧,2012. 中国食用豆贸易现状与前景展望[J]. 中国食物与营养,18(8):45-49.

马艳霞,2021. 大棚西红柿种植管理技术[J]. 特种经济动植物,24
　　(12):58-59.

马日古丽·合力里,2021. 大棚西红柿高产栽培技术要点[J]. 农家参
　　谋(6):20-21.

商桑,田丽波,黄慧琴,等,2016. 穿刺巴斯德芽菌 Ppgh-3 对根结线
　　虫侵染的番茄相关生理生化指标的影响[J]. 园艺与种苗(6):
　　16-20.

唐虹,曹家洪,吴家丽,等,2021. 黔中山区优质辣椒高产栽培技术
　　[J]. 农业科技通讯(2):265-266,272.

王炳,刘进平,2020. 黄灯笼辣椒高产优质栽培技术[J]. 热带农业科
　　学,40(12):5-9.

王丽侠,程须珍,王素华,等,2014. 中国绿豆核心种质资源在不同
　　环境下的表型变异及生态适应性评价[J]. 作物学报,40(4):
　　739-744.

王佩芝,李锡香,2006. 豇豆种质资源描述规范和数据标准[S]. 农作
　　物种质资源技术规范.

王志军,2018. 新疆兵团 103 团农业产业结构现状及调整对策[J].
　　农村经济与科技,29 (05):204-206.

温宏,2012. 新疆兵团团农业产业结构调整与对策研究[D]. 乌鲁木
　　齐:新疆农业大学.

严威凯,2010. 双标图分析在农作物品种多点试验中的应用[J]. 作
　　物学报,36(11):1805-1819.

杨军,廖新福,马新力,等,2014.2013 年新疆维吾尔自治区西甜瓜产
　　业技术发展报告[J]. 新疆农业科技(02):38-39.

詹园凤,党选民,戚志强,等,2015. 长豇豆种质资源主要农艺及品质
　　性状分析[J]. 南方农业学报,46(11):2006-2010.

张朝明,赵坤,唐胜,等,2021.6 个豇豆品种农艺性状的相关性、主成
　　分及聚类分析[J]. 西南农业学报,34(3):501-507.

张瑜琨,蔺国仓,唐勇,2021.不同豇豆品种性状比较及产量与品质的相关性分析[J].黑龙江农业科学(3):57-61.

周红霞,2021.安阳县绿色食品辣椒高产优质栽培技术规程[J].乡村科技,12(27):55-56.